一本与妈妈们贴心贴肺的育儿心理书

3-6岁 妈妈不可不知的
育儿心理学

李 丽 著

辽宁人民出版社

© 李丽　2011

图书在版编目（CIP）数据

3~6岁，妈妈不可不知的育儿心理学/ 李丽著. —沈阳：辽宁人民出版社，2011.5（2013.11重印）
ISBN 978-7-205-07073-1

Ⅰ.①3… Ⅱ.①李… Ⅲ.①儿童心理学 ②儿童教育：家庭教育 Ⅳ.①B844.1 ②G78

中国版本图书馆CIP数据核字（2011）第072658号

出版发行：辽宁人民出版社
　　　　　地址：沈阳市和平区十一纬路25号　邮编：110003
　　　　　电话：024-23284321（邮　购）　024-23284324（发行部）
　　　　　传真：024-23284191（发行部）　024-23284304（办公室）
　　　　　http://www.lnpph.com.cn
印　　刷：沈阳市奇兴彩色广告印刷有限公司
幅面尺寸：170mm×235mm
印　　张：13.25
字　　数：176千字
出版时间：2011年5月第1版
印刷时间：2013年11月第2次印刷
责任编辑：陈　昊　阎伟萍
装帧设计：邢　玮
责任校对：吴艳杰等
书　　号：ISBN 978-7-205-07073-1

定　　价：25.00元

前 言
QIANYAN

　　4 岁那年，我的生命中发生了一件大事，影响了我二十几年的人生，这是我当了妈妈后忽然有所觉察的，而在当妈妈之前，这件事一直潜伏在我的潜意识里面，影响着我与爱人的亲密关系。

　　那是个冬天的中午，两个大人在屋子里聊天，一个 4 岁的女孩和同龄的邻居儿子正猫着腰，鬼鬼祟祟地一趟一趟往房西边的一个隐蔽的过道运着石头……在选址的时候，两个孩子先是重点考虑了厕所，这是比较安静和隐蔽的地方，但是，还会有人来啊，于是经过四处侦察，他们选定了房西边的那个角落。把石头铺平，"床"搭好了，男孩把裤子脱下来，女孩也向他露出了自己的私处，两个孩子都好奇地观察着：原来这么不一样啊！到底是哪里不一样呢？他们又进一步观察着……这个东西有没有味道呢？他们还相互品尝了下——哦，有点咸味，一点儿都不甜！这时候，男孩让女孩躺在"床"上，并且趴了上去。男孩还不知道下一步该怎么做时，女孩的妈妈已经出现在了他们身后。

　　女孩被妈妈拽起来拉到院子里，妈妈用一只手扯着女孩的胳膊，另一只手扬起重重的巴掌，朝女孩的屁股就是一顿痛打："这么小，竟然干这种伤风败俗的事情！"被打之后，女孩哭着恳求妈妈："再也不敢了!"因为女孩的妈妈很少打人,因此,那一次的严厉惩罚让女孩刻骨铭心,只记得羞耻远远超越了疼痛。

男孩和女孩再也不敢见面,小小年纪,女孩就已品尝到了孤单和沉重。不久,男孩一家搬到了城里,远离了这个村落。可是,女孩却一直坚持认为,就是因为自己与他做了如此见不得人的事情,他们一家才选择的远离,他们搬家是因为想远离自己……罪恶感和内疚感如同一座大山压在小小的女孩心上。

几年后,男孩的家人来老邻居家探亲,女孩的妈妈与他们热情寒暄,女孩却仍然在他们面前抬不起头来,不敢说一句话。男孩陪着母亲曾在二十岁那年来过故里,女孩一直庆幸当时自己没有在家,躲过了如此尴尬的见面。当妈妈提起这个男孩的名字,已经成年的女孩依然因为羞耻而无法去接妈妈的话题。

又有几年过去了,女孩结了婚,但却总是感觉那事情很"脏"……当有一天,爱人轻松地谈起他童年的性游戏,女孩的心触动了一下,但还是未能开口。直到女儿出生了,女孩晋级为妈妈,学习了发展心理学之后才了解:原来那行为与道德无关,与品质无关。多年的沉冤终于昭雪。

是的,我就是那个曾经背负沉重的心灵十字架的女孩。

这源于父母一代人不当的教育,当然,这与他们当时所处的社会时代背景也有很大关系。所幸时代在发展,人性也越来越被尊重,而作为影响一个人人生最重要的早期教育也日益被各位家长所重视。

那么,如何能从我们这一代人起,觉察到自己当孩子时候所受到的痛苦,而不要再以同样的模式复制到我们的孩子身上呢?

我们作为父母,又如何能尽量给予孩子科学而又恰当的爱呢?

本书将与各位3~6岁宝宝的妈妈共同探讨这些问题。

目录

MULU

前　言

第一章 | 3~6岁，幼儿园社会生活期

　　真正送宝宝上幼儿园了，很多妈妈才知道宝宝不是那么好送出去的，首先是每天早上撕心裂肺地哭闹，让你啥心情都没有了，等你狠着心硬是把他送到了幼儿园门口，宝宝又抱着你的腿不肯撒开，直到你强行掰开他的手……当幼儿园老师把撒泼打滚的他好不容易抱起来，他声嘶力竭地哭着，小手直直地向你伸着，一副要上刑场的样子。你泪眼婆娑地看着他吧，实在不忍心，但是转回头不去看他吧，孩子会不会觉得我这当妈的太狠？煎熬啊！

第二章｜3～6岁，性格塑造的"水泥期"

"人家孩子活泼开朗、人见人爱，性格多好！"你在羡慕别人孩子"好性格"的时候，是否为自己孩子内向而安静的性格而感到遗憾？

"我家孩子性格孤僻，长大了恐怕也难成大事！"有这样感叹的家长你知道性格与智力是否相关？

"我一定把孩子的慢性子给'扳'过来，要不事事都会落在人家后头！"试问，你是否在为孩子"嫁接"性格？

在幼儿园更多小朋友的参照下，孩子的性格特征也得到了凸显，是外向还是内向，是好动还是退缩，是慢性子还是暴脾气……俗话说："三岁看大，七岁看老。"因此，人们往往把3～6岁称为性格塑造的"水泥期"，一个人的性格在人生的初期就已经基本定型了，但对于孩子日益明显的性格，我们家长应该秉持一个什么样的态度呢？性格有没有好坏之分？需不需要改变？有些性格上的负面因素该如何引导孩子降低？

在孩子性格的"水泥期"，我们家长能做的事情是什么呢？

第三章 | 3～6岁，性教育的最佳期

当你的女儿问你为什么她没有小鸡鸡时，你是如何回答的呢？

如果不小心让孩子碰到了你们夫妻做爱的场面，你又是如何应对的呢？

如果你看到孩子正在和其他小朋友玩"性游戏"，你又会有怎样的表情呢？

……

当宝宝上了幼儿园，由于小朋友们在一起生活，他们会更多看到男孩子站着小便而女孩子蹲着小便，从而产生好奇和疑问，并且也会注意到男孩女孩生殖器官的不同。这时候，孩子的众多关于性的疑问就会开始了，作为妈妈，你是否做好了应答的准备呢？

性教育的关键时期在幼儿期，也就是当孩子3～6岁的时候。在这个年龄阶段，孩子正处于性朦胧期，他们已经开始探索性问题，对于孩子的性教育这个时候开始进行启蒙，会很容易实施，将来出现困窘的情况也就越少。但如果错过了这个性教育的最佳期，在孩子对身体有了隐私感时再谈这个问题，一方面孩子不会像幼儿期那样直率而单纯地发问，另一方面父母也会感觉不太自在。因此，在孩子对性还没有社会意识和文化意识的时候开始自然的性教育无疑是明智之举。

第四章 | 3~6岁，学习兴趣培养的黄金期

为了不让孩子输在起跑线上，很多妈妈在孩子3~6岁这个时期就开始很关注孩子的"学习"了，什么珠心算、识字、英语、舞蹈、钢琴……名目繁多的课程令妈妈们应接不暇，到底该学什么呢？

人家孩子都会背好几十首唐诗了，可是我的孩子才会背几首，是不是我家孩子比别人笨啊？

人家孩子都报了各种兴趣班，该给自己孩子报吗？怎么样看出孩子的兴趣和特长呢？他如果不爱学怎么办？如果他学到半截想放弃该怎么办？

有的妈妈为了能让孩子在小学前学到更多的知识，将周六周日的时间安排得满满的，专门为孩子充当"专业陪读人员"，游走于各个早教机构之间。但是，这样做，孩子的学习效果就好了吗？

有的妈妈大为担心：我家孩子都6岁了，一天天就知道玩，你一让他学习，他就非常烦，小小年纪就开始"厌学"了，以后怎么办呢？

第五章 | 3~6岁，潜能开发的关键期

有的家长认为开发孩子的潜能就是让孩子多学知识，有的家长认为开发孩子的潜

能就是多给孩子报兴趣班，还有的家长认为开发潜能就得控制孩子学习，少让他玩耍，其实，这些都是误区。孩子学习知识与潜能开发并不是相同的事情，潜能开发也不意味着一定要花钱上各种兴趣班，而很多潜能的发掘又恰恰是通过玩耍开发出来的。

第六章 | 3~6岁，好品行和好习惯塑造的奠定期

孩子不好好吃饭，你还得端个饭碗在屁股后面撵着吃；让他独立睡觉，可他总是半夜害怕要回到大人的床上来；家里来了客人，孩子就变成了"人来疯"，又吵又闹，让你无法说话；你管教他的时候，他还竟然对你说"狠话"……孩子的好品行和好习惯如何能培养起来而又不让孩子的心理受到伤害呢？

第七章 | 3~6岁，孩子心理障碍的常见现象

孩子产生心理障碍有一部分原因是天生的因素所致，比如：妈妈在怀孕时不小心患上了传染病，或者中毒、营养不良、腹部受到了冲击，孩子出生时窒息缺氧、难产或产伤，这些都可能造成后天的孩子的心理障碍。另外，3~6岁孩子应该上幼儿园，感受集体生活和接受启蒙教育，可是有的孩子因为种种原因没有上幼儿园，这样缺少集体生活感受和体验的孩子难免胆小、害羞，并且对一些新环境的适应能力较差。另外一个重要原因就是家庭教育因素，有的家庭过分溺爱孩子，使孩子产生自私、骄横和唯我独尊的不良心理；有的家长动辄对孩子责骂和恐吓，甚至殴打孩子，使孩子心生胆怯和抑郁；还有的家庭婚姻破裂或者父母感情不和，对孩子缺少关爱，使孩子从小就自卑、性格古怪；还有的父母在教育孩子上理念不一致，让孩子不明是非，无所适从，情况严重会导致孩子的双重人格。

♡ 在幼儿园里总是坐不住——多动症 (174)

♡ 我到底是男孩还是女孩——性身份识别障碍 (177)

♡ 他只生活在自己的世界里——孤独症 (180)

♡ 她走到哪里都要带着玩具小熊——儿童恋物癖 (183)

♡ 孩子说话口吃怎么办——语言障碍 (186)

♡ 孩子挤眉弄眼是因为控制不住——抽动症 (189)

♡ 孩子半夜总从噩梦中惊醒——睡眠障碍 (192)

♡ 离开妈妈就生病——分离焦虑 (195)

♡ 忽然变成了"小哑巴"——选择性缄默症 (198)

01 第一章
3~6岁，幼儿园社会生活期

一转眼，宝宝三岁啦，妈妈们终于松了一口气：宝宝要上幼儿园了，终于可以有一些属于自己的时间了！想去逛街就去逛街，想去会友就去会友，想上班就去上班……

但是，真正送宝宝上幼儿园了，很多妈妈才知道宝宝不是那么好送出去的，首先是每天早上撕心裂肺地哭闹，让你啥心情都没有了，等你狠着心硬是把他送到了幼儿园门口，宝宝又抱着你的腿不肯撒开，直到你强行掰开他的手……当幼儿园老师把撒泼打滚的他好不容易抱起来，他声嘶力竭地哭着，小手直直地向你伸着，一副要上刑场的样子。你泪眼婆娑地看着他吧，实在不忍心，但是转回头不去看他吧，孩子会不会觉得我这当妈的太狠？煎熬啊！

这前脚刚把孩子送进幼儿园，结果后脚孩子就病了，不是发烧就是感冒，食欲不振，精神也很低沉，看这情况，幼儿园是不能送了。

等你把孩子悉心照顾好，终于看他恢复了往日的健康和笑容，送不送幼儿园就会在心里成为一个问号。

孩子早晚要离开妈妈的！等你狠下心，再次把孩子送到幼儿园，过去这一切又会重新上演……这让有些妈妈放弃了让孩子上幼儿园的念头，不行，再等一年吧！

可是，明年会不会还是这样？自己这样是不是娇惯孩子呢？一系列自我怀疑又在妈妈心里升了起来。

面对这种情况，孩子到底是该送还是不该送呢？妈妈真是好纠结呀！

即便是孩子比较顺当地上了幼儿园，但是当你听说他今天被咬了，明天打人了，或者从幼儿园学了坏习惯了，你会不会闹心呢？

如何帮助孩子顺利地走向幼儿园这个小社会，如何引导他解决在幼儿园出现的各种问题呢？

在第一章里，我们就和妈妈一起讨论关于宝宝上幼儿园的种种问题。

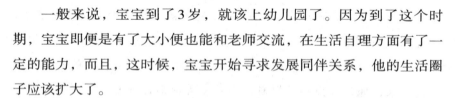

♥上幼儿园，人生的第一场痛苦分离

一般来说，宝宝到了3岁，就该上幼儿园了。因为到了这个时期，宝宝即便是有了大小便也能和老师交流，在生活自理方面有了一定的能力，而且，这时候，宝宝开始寻求发展同伴关系，他的生活圈子应该扩大了。

但是，宝宝上幼儿园，毕竟是宝宝第一次长时间离开时时刻刻在一起的妈妈，分离焦虑在所难免。

那么，怎么才能最大限度地减轻这种痛苦，让宝宝顺利入园呢？妈妈们一定要让宝宝做好准备，尤其是心理准备。

1. 先让宝宝对幼儿园有个感性上的认识

可以平时给他讲一些关于幼儿园的故事，让宝宝从心里明白幼儿园大概是什么概念。可以买一些相关的"宝宝上幼儿园"的图书，给他介绍一些关于幼儿园的生活情况，还可以在网上下载一些关于上幼儿园的儿歌，教宝宝学唱，例如："爸爸妈妈去上班，我上幼儿园，也不哭也不闹，见到老师问声好！"先让宝宝对幼儿园提前有个初步的认识，也为孩子真正步入幼儿园生活之后有个提前的预演。

2. 选定了幼儿园后，带孩子去参观

在幼儿园里，让他体会一下那些会让他感兴趣和激动的大型玩具，包括工艺品或各种摆设等。参观教室的时候，你可以对孩子说："看，这以后就是你的教室！看看这些漂亮的玩具！咱们再看看哪里是拉臭臭的地方……"由于家里的空间有限，一般宝宝都玩不到幼儿园里的大型玩具，因此，他们一般都对幼儿园里的滑梯、秋千等非常着迷，你一定要当他玩到最High的时候，适时来制止他："咱们必须得回家了，因为你没上幼儿园，所以这里的玩具不能玩太长时间。"孩子即便不高兴，也要把他带走，这样可以最大限度地保持他对幼儿园玩耍的"饥饿感"；另一方面也让他知道，只有他上了幼儿园，才能在这里痛快地玩，而不属于幼儿园的小朋友，是没有资格在这里长时间玩耍的。

3. 尽量帮孩子选择一个小区里的"铁哥（姐）们"一起入园

如果孩子进入幼儿园，面对的不仅是陌生的环境，而且全都是陌生人，那对孩子来说会非常恐惧，但宝宝如果是跟同一个小区的玩伴一起去上幼儿园，而且一个班级，那宝宝就会安心很多。因此，在上幼儿园之前，在小区里寻找这样合适的人选非常重要。妈妈可以有意给宝宝和这样的小朋友创造一起玩耍的机会，或者相互串门，多花一些精力和时间在宝宝的友谊培养上是非常值得的。如果实在找不到将来同班的小朋友，即便是同上一个幼儿园的小朋友，将来能够一起上学，也会给宝宝上幼儿园的恐惧心理带来一丝安慰。

4. 锻炼宝宝与妈妈短暂分离，以缓解入园的分离焦虑

到了幼儿园，宝宝与妈妈一分离就是一天，这让平时一刻都不能

离开妈妈的宝宝很难适应，宝宝会被"妈妈是不是不要我了"这样被遗弃的念头所缠绕，因此才出现各种症状。因此，妈妈要在宝宝上幼儿园前，多带孩子接触社会和他人，如去公园或者到其他人家去做客，也可以组织家庭聚会，邀请其他小朋友到自己家来，利用宝宝游戏的时候，妈妈可以暂时离开宝宝视线，让他适应妈妈不在身边的时间。本书第七章"离开妈妈就生病——分离焦虑"的内容中，专门与各位妈妈探讨各种"分离焦虑"问题，可以提前阅读了解。

5. 参加亲子班，培养宝宝对课堂和集体的感觉

为了让孩子适应将来的幼儿园生活，还可以带孩子参加一些社区附近的亲子班或者只提供半天课程的学习班，在这样的氛围中，不仅可以让孩子的智力得到一定的发展，更重要的是可以让孩子在妈妈的陪伴下学习如何与人交往，感受到集体活动的乐趣与必须共同遵守的规则。这些都为孩子将来适应幼儿园的生活提供了过渡。

专家妈妈贴心话

在宝宝上幼儿园之前，最忌讳的就是有些妈妈对孩子说："不听话，就把你送幼儿园去！看老师到时候怎么收拾你！"这样无意中就会让孩子对幼儿园产生了恐惧和敌对心理，将来给宝宝上幼儿园造成心理障碍。

♥大小便的能力关乎着宝宝的羞耻心

一个中年男人被自身的一个习惯所深深地困扰，严重影响了他的生活和工作，最后不得不求助于心理咨询。这个习惯就是，不论他出差还是在外边的商场，当他有了便意，一定要破除千难万阻，就是坐

飞机也要回到自己的家来解大便，由于这个"恶习"，他不得已把家安在了距离机场较近的地方。生活中的他事业也小有成就，可是由于要偶尔出差，解大便的问题成了让他最为头疼的事情。

心理咨询师通过仔细的询问，最后追溯到他上幼儿园时期的一件事情。那是他上幼儿园中班的时候，有一次因为坏肚子，实在没憋住，拉了裤子，结果受到了小朋友的嘲笑，而当时的老师在给他换裤子的时候也显出了厌恶的表情。后来，"臭臭""臭蛋"替代了他的名字成了小朋友们每天都称呼他的外号，这个外号一直持续到他上完小学。每当听到这样的称呼，他都羞愧难当。同时自此之后，他只要解大便，就会产生强烈的羞耻感，而且不论憋得多么难受，他只有在家里，在最安全的环境里，才能解出大便来。

幼儿园时期的一个关于大便的负面事件，影响了这个人几十年，虽然他已经四十多岁，但是那次大便带来的羞耻感一直伴随和折磨着他不能自拔。

对于3~6岁的孩子来说，正是逐渐形成自主排便能力的时期。如果孩子控制不好自己的排泄，幼儿园的老师又对孩子不小心拉尿的衣裤表现出反感和厌恶的话，那可能就会对孩子造成心理伤害。从这个角度说，那些连"我要尿尿"或者"我要拉臭"都表达不好的孩子，尽量不要过早送到幼儿园里，因为幼儿园的老师素质再高，也很难做到像妈妈照顾宝宝那样温柔细心，而宝宝的拉、尿又是3岁前孩子每天的重要事件，如果看护人表现出恶心和不耐烦的神情，会大大挫伤孩子的自尊心，让孩子产生耻辱、害羞、内疚以及自卑心理。

为了避免到幼儿园因为大小便问题让宝宝蒙受羞耻的感受，妈妈最重要的事情就是强化对宝宝上厕所的训练。

事实上，宝宝在通过控制肌肉而产生大便时，是有成就感和快乐的。心理学大师弗洛伊德将2~4岁的人生时期称为"肛欲期"，他认为当大便通过孩子肛门时，黏膜产生强烈的刺激感，这样的感觉不仅是难受，也能带来高度的快感。另外，大便是孩子身体的一部分，排出大便相当于做出"贡献"或献出"礼物"，如一个宝宝看着自己拉出来的三段大便欣喜地说："这是爸爸、妈妈和小宝宝一家三口人。"妈妈要冲掉大便他还不愿意，一定要等到爸爸回来给他看。

妈妈可以抓住宝宝的这种心理，在初期的如厕训练中尽量让孩子产生游戏一般的乐趣。先可以给孩子看一些关于上厕所的动画片提高对上厕所的认识，如果训练男孩在马桶中小便时，可以先在马桶里放一小滴皂液当靶子，他们肯定在小便的时候有一种射击的快乐。在训练女孩时，如果她主动坐在便盆上尿尿或者大便，可以奖励她漂亮的小贴纸，以便强化她的能力。

如果孩子来到你的身边，走路的样子好像骑了好几个小时的马，没错，看来他又解决到裤子里了！这时候，妈妈一定注意不要生气或者惩罚孩子，这样不但毫无益处，而且非常有害。有时候孩子可能是玩得太投入而忘记上厕所了，特别是当他们在外面玩而离厕所很远的时候。如果中间你安排一段休息的时间，提醒他"是否该上厕所了"或许能避免孩子出现令你麻烦的场景。也可以在家里各个房间都准备好便盆，以避免孩子突发的需求。

要多多强化孩子表现好的方面，如当他想大小便时能事先告诉你；能主动坐在便盆上即便他不解手；不用帮忙就能脱下和提起裤子；能主动冲水以及便后洗手等。

专家妈妈贴心话

如果你的孩子不愿意接受上厕所的训练，就先取消，千万不要强迫孩子，避免因此而产生的激烈争执，最终让孩子将上厕所与不愉快的感觉相联系。要知道，对有些孩子来说，如厕的训练要在一定的成长阶段来进行，这需要妈妈的理解和耐心。

♥ "全托" 可能会对孩子的心灵造成伤害

童童妈最近打算把儿子送到全托幼儿园去，原因是她和老公开了一家公司，实在是太忙了，没时间照顾孩子。另外和老人相处得也不是很愉快，老人不太愿意来，童童妈也不想请。于是，她想到了全托幼儿园。

全托幼儿园至少能锻炼孩子的独立能力！于是，童童妈将三岁半的儿子送到了一所全托幼儿园，只在周五晚上接他回家度周末。

结果，童童在第一个周五晚上，看到来接的妈妈便号啕大哭，并手脚并用地打妈妈，看来，小家伙心中的怨恨积累得很多。童童妈被打得有点愤怒了，她本来以为孩子见到她会像自己一样高兴呢。

周一早上将童童再次送到幼儿园的时候，童童死死抓住妈妈的腿，说什么也不肯进校门，当妈妈狠心将他的手掰开送到老师怀里的时候，童童竟然喊出了一句令妈妈震惊不已的话："妈妈，你还要我吗？"

童童妈顿时明白了儿子的心理！原来，她长时间把儿子放在幼儿园里，儿子以为妈妈抛弃了他。这一顿悟让童童妈立刻作了一个决定，放弃了让孩子上全托幼儿园，转到家附近的日托幼儿园，自己则减少了工作量，用更多的时间来陪孩子。

送孩子上全托幼儿园的家长普遍存在着童童妈的情况，就是工作太忙了！忙得顾不上孩子。因此，才把孩子送到全托幼儿园。这些妈妈还口口声声地说："我这么忙为了啥？还不是为了孩子将来能过得更好！"

但是，到底怎么样才是为了孩子好呢？孩子需要的最重要的东西是什么呢？是妈妈用辛苦忙碌赚来的钱买来的高级玩具、锦衣玉食还是妈妈温暖的怀抱和亲切的爱抚呢？

对于3~6岁的孩子来说，还处于依恋敏感期，这种依恋对象，通常是妈妈。没有经历温暖和依恋的孩子，长大后难以形成与他人健康的亲密关系。这个时期妈妈的爱对于孩子的心理健康来说，就像维生素对于身体的健康一样重要。

但是，如果这个时候，你把孩子送到了全托幼儿园，一天到晚使孩子看不到亲人，即便是幼儿园老师对你的孩子再好，也因为要照顾的孩子太多，无法像你一样对你的孩子投入那么多的关注，更不要奢望有频繁而亲密的身体接触了。孩子缺少维生素会影响身体发育，缺少母爱同样也会影响孩子的心理成长。与其说让孩子在全托幼儿园学习独立，不如说那是父母推脱责任的借口。据了解，欧美国家没有全托幼儿园，但是孩子的独立性一点也不比中国的孩子差。心理学大师约翰·包尔比认为，孩子如果过早离开父母独立，这种对孩子心灵损害的程度等同于成年人失去亲人时所经历的痛苦，他们感觉自己被父母所抛弃或者一定是自己做错了什么事情而受到了这样的惩罚，从而沉浸在极度的自卑中，就像童童那样觉得妈妈爸爸不喜欢自己、不要自己了。这样自我价值感的不足，在孩子以后的人生中，是他加倍的努力也未必能弥补的。

妈妈为了工作而放弃了陪伴幼小的孩子，这只会给孩子一个暗示：工作比我更重要。这会让孩子觉得自己没有什么价值，由此失去自信心和安全感。妈妈的事业有成也许会让孩子享受到锦衣玉食，但孩子内心产生的卑微感却已经很难祛除了。或者将来孩子也会成为一个只懂得追求物质的人，那么他内心充斥的更多是无尽的欲望，而让幸福难以容身。

在对幸福的研究中，各路心理学派都承认的一点是：决定人幸福的，不是那些财富、地位和名气，而是拥有高品质的亲密关系，这包括人类最基本的情感：亲情、友情以及爱情。也就是说，拥有良好的人际关系才是幸福的基础。而这些为了孩子"安逸的未来"而苦苦打拼的妈妈们是否反思过，你这样做，是不是在舍本逐末？

妈妈为了工作而忽略孩子，这也和我们的文化有关系，很长一段时间以来，我们的价值观提倡为了工作牺牲家庭和个人的生活，这样的文化需要现在的妈妈们重新反思：忽略孩子而给孩子造成的伤害以及成人后的心理隐患，难道不会成为社会新的问题吗？这样做对孩子负责吗？对自己负责吗？又是否对社会负责？

专家妈妈贴心话

如果家里已经到了吃不上穿不上的地步，那么或许幼小孩子的妈妈有无暇顾及孩子的借口。但是，只是为了让孩子吃得更精致、穿得更漂亮而放弃和孩子在一起的时间，就没有必要了。适当将工作量降低一些或者更加灵活一些，抽更多的时间和孩子在一起，是妈妈在孩子年幼时有必要做出的改变。相对于物质的优越，妈妈的爱和高质量的陪伴才是孩子更需要的。

♥孩子不上幼儿园或许与你的焦虑有关 ✳

贝贝已经去幼儿园一个月了，可是仍旧不喜欢上幼儿园。每天早上，都是贝贝妈最头疼的时候，起床后只要小家伙一听到"幼儿园"三个字，就会立刻大叫："我不去幼儿园，我要在家里！"等贝贝妈好不容易给贝贝穿好衣服，背上书包，贝贝见真要离开家门了，就会死死地抓住家里桌子或者什么可以用来做救命稻草的东西，就是不肯出门。在使用了威逼利诱等各种手段后，终于将小家伙带到了幼儿园门口，与妈妈分开的时候又会上演一番生死离别的镜头。没过几天，贝贝咳嗽发烧了，被迫"辍学"了。还要不要把孩子送到幼儿园去呢？

贝贝妈迷惘了。

像贝贝这样刚上幼儿园的孩子出现上面的情况是很正常的，在三月和九月开学的时候，在幼儿园的大门前会经常看见亲子之间泪眼相送的场面，宛若生离死别。上幼儿园是孩子一生中所上的第一所"社会大学"，也是孩子人生的第一大转折，而分离焦虑则是上幼儿园所要付出的心理成本，经由这场痛苦的分离焦虑，孩子才能得到积极的成长。

在"上幼儿园，人生的第一场痛苦分离"一节里，我们提到了几种在孩子上幼儿园前妈妈需要做的一些事情，如应事先参观幼儿园，先带孩子上亲子课培养对课堂的感觉等，这些前期的工作做好了铺垫之后，孩子上幼儿园就会相对适应得快一些。

如果孩子天生适应能力就差，可能上了几个月依然不爱上幼儿园，这时候，妈妈要反思其中的原因了。

下面的几种情况，是否发生在你身上？

1. 上学路上啰啰唆唆

在送孩子上幼儿园的路上，你不断地叮嘱孩子，见到老师要大声地问好，到了幼儿园里要听老师的话，要懂礼貌，不能和其他小朋友打架，多喝点白开水，要按时睡觉，说话的时候不要扭扭捏捏的，要大大方方……这些过高的要求、禁令或者劝告会使孩子感到无法达到要求而出现焦虑不安的情绪。

2. 送完孩子不忍心离开

将孩子送到老师那里后，你对老师嘱咐个不停：我家孩子啊，有这样那样的习惯，你一定要留意小心……或者站在幼儿园门口，一直舍不得离开，看着哭闹并且逐渐往教室里走的孩子你也泪眼婆娑，或者你往家走的路上一步三回头地不放心孩子。你的这些举动无疑传递给孩子一个信息：幼儿园是个不安全的地方，连妈妈也不放心。因此，如果你想让孩子安心，应该将孩子交给老师之后，立即转身坚定地离开。

3. 欺骗孩子偷偷离开幼儿园

有的妈妈早上着急上班，可是孩子又舍不得妈妈，有时候妈妈会做出一些欺骗孩子的伎俩，如："宝宝，妈妈给你买糖去啊，等一下妈妈就回来。"孩子暂时停止了哭闹，结果妈妈从此消失不见，这样的做法会造成孩子更大的不安与恐惧。最好把孩子安顿好，让他放心后再离开，但是如果孩子依然坚持不肯让你走，你的态度一定要坚决，否则，孩子的依赖心理依然得不到缓解，不利于消除焦虑情绪。

4. 将消极情绪传染到孩子

有的妈妈因为和丈夫或者婆婆等家人出现矛盾，接送孩子上下幼儿园的路上便把孩子当成了发泄的对象，而尚未懂事的孩子无法理解妈妈的这些话，只被传染了焦虑与不安。在这样的情况下去幼儿园，孩子在幼儿园里也会处于焦虑状态，幼小的他可能会为妈妈担心。因此，妈妈一定要在早上控制好自己的情绪，尽量以愉快的心情面对孩子，以防情绪传染。

如果妈妈有以上的情况，要及时更正。为了要宝宝更快乐地上幼儿园，妈妈们还要注意做到以下几点：

1. 和孩子分享幼儿园的快乐

在接孩子回家的路上，妈妈要有意识地引导孩子回忆在幼儿园的快乐事件，如：你今天最高兴的事情是什么呀？老师带你们玩什么游戏了？你今天最喜欢的小朋友是谁呀？今天吃什么好吃的了？通过强化孩子在幼儿园的快乐而抵消那些来自陌生环境产生的压力。千万不要问孩子：今天有没有人欺负你啊？你今天哭了几次呀？妈妈上班的时候你闹没闹啊？这些提问只会让孩子更加害怕上幼儿园。

2. 帮助孩子建立友谊

孩子在幼儿园不能和小朋友建立良好的关系，会让他感觉无法融入团体而感到排斥，这是很多孩子不爱上幼儿园的重要原因，尤其对于半路插班的孩子来说，消除小团体对自己的排斥感，获得友谊的接纳是最为重要的。针对这种情况，妈妈可以和班主任打听哪个小朋友与自己家住在同一个小区，积极地让孩子和这样的小朋友建立友谊，这样在幼儿园孩子就有了"照应"，便于消除孩子心里的恐惧感。如果找不到这样的小朋友，可以问孩子喜欢哪个小朋友，可以平时创造条件让孩子多和这个小朋友在一起，或者要求老师将他们安排在一起，有了自己喜欢的玩伴，孩子便会容易适应幼儿园了。

3. 教会孩子解决问题

当孩子早上不爱上幼儿园时，要对孩子充分地同情，让他说出自己不愿意上幼儿园的原因。如孩子不肯上幼儿园是因为"小朋友们都有摇摇马，就我一个人没有"，你就要告诉他解决的办法："你可以请老师帮忙，让她帮你找一个摇摇马，或者下次老师说玩摇摇马的时候，你要快点跑"等，锻炼他解决问题的能力。

4. 要积极地和老师主动地沟通

孩子刚上幼儿园不适应，妈妈一定要积极地和老师多沟通，了解孩子在幼儿园的情况，以便相应地引导。这里有个关于和老师沟通的技巧，就是你想获得更多孩子的信息，应该选择过早或者过晚一点接送孩子，这样老师能有更多的时间和你讲孩子的状况，当正常的时间，老师忙于接送孩子，是顾不上和你说太多话的。

专家妈妈贴心话

当孩子刚上幼儿园一个月左右，容易出现感冒、咳嗽或腹泻等病症，这是分离焦虑后期的延续。一个月新环境的适应使宝宝"身心交瘁"，自然造成抵抗力的下降，从而出现病症。宝宝刚上幼儿园时，老师和家长都不会向孩子提出什么要求，但一段时间后，便开始训练孩子"正规化"，孩子不能够及时适应，便用"病"来调整自己。可见，为了巩固成果，入园前期妈妈不要向孩子提出过多的要求，让孩子感觉安全和舒适是最为重要的。

♥ 如何调试孩子在幼儿园的孤僻行为

在青青入园后不久，青青妈就愁了起来。原来是幼儿园老师告诉她，青青太胆小了，每次小朋友们玩玩具，青青都眼巴巴地在旁边看着，却不敢过去拿，更不敢请求加入；在幼儿园里，她也总是一个人在角落里坐着，不愿意和小朋友们一起玩耍，上课老师叫她回答问题的时候，她回答问题的声音也小得像蚊子叫。她整天都是愁眉苦脸的样子，哪个小朋友不小心碰她一下，她就会非常紧张，不是大声喊叫就是推打小朋友。她的行为似乎与同学们格格不入，感觉她很难融入集体里。

青青妈很担心孩子这么小就孤僻不合群，将会在幼儿园里越来越受排斥，这样的性格发展下去，将来会不会造成青青交往困难？

青青妈的担心是有必要的，从心理学的角度来看，"社交心理"是孩子心理健康的一个重要标志，如果没有一个正确的社交心理，那么孩子就没有一个完整的健康心理。如果孩子这种不合群的情况越来越严重，最后会发展成"冷漠心理"，甚至是"仇视心理"和"报复心理"，这对孩子的心理健康是非常不利的。

但是，妈妈们也不要过于悲观，因为幼儿时期的这种孤僻行为完全是可以纠正的，幼儿园时期的孩子正处于个性萌芽的初步形成期，应该抓住这个时期对孩子进行正确的引导，从而让孩子形成乐观开朗、主动交往的性格。

妈妈要想解决孩子的这个问题，首先要清楚孩子不合群的原因。其实，孩子在幼儿园的孤僻行为与家庭影响有很大关系。

1. 抚养人孤僻，孩子缺少和小伙伴接触

有的孩子不仅在幼儿园胆小孤僻，在其他所有的场合也都如此，这和父母本身不善交际，很少与外界接触有直接的关系。有的妈妈在孩子还是小婴儿的时候就不愿和那些一起抱着宝宝晒太阳的妈妈们接触，如果孩子是老人带，更容易出现这样独来独往的情况，因为有些老人本身带有地方口音，即使有和其他人接触的渴望也无法很好地交流，或者找不到同样说得来的带孩子的老人。孩子因为从小就缺少与同伴们的接触，到了幼儿园就会有胆小、不合群的表现。

2. 过度以孩子为中心，让孩子在集体中容易降低自信

孩子在家被娇宠惯了，是全家人的"小太阳"，可是到了幼儿园，孩子成了众多"小星星"中的一颗，一下子关注度降低了，这让孩子很不适应。在家的时候，爸妈的赞扬声不绝于耳，可是到了幼儿园，自己却不再突出，甚至真切地感到自己很多方面都不如同伴，因而丧失了自信心。这类孩子在家都挺活跃，可是到了幼儿园却不声不响。如果妈妈发现了这种情况，就要和幼儿园老师配合，让老师发现和利用孩子的某一长处并多多赞扬，当孩子自信心提高了，和小伙伴们也就能友好相处了。同时也要牢记对孩子的夸奖不能泛滥，重要的一个原则是：只夸奖孩子做出的努力，而不要夸奖他与生俱来的天赋。

3. 孩子在家里养成事事为先的毛病，被小伙伴排斥

同样是因为溺爱，父母在家里什么事情都把孩子放在第一位，孩子动辄哭闹，欲望得不到满足就发脾气，久而久之，孩子到了幼儿园也保留了这样的习惯，与小伙伴相处时不肯吃亏，动不动就哭闹打人，最终也会受到小朋友的排斥，成为孤家寡人。从这个情况可以看出，让孩子生活在一个平等、民主的家庭中是多么重要，溺爱孩子最后都是害了孩子。

当然，冰冻三尺非一日之寒，改变家庭模式不是一天两天能办到的，那么，妈妈在有意识地将家庭向开放、民主和平等的方向上建设之外，有没有相对快捷的办法帮孩子解决不合群的现状呢？下面，给妈妈提供几个方法：

1. 从一到多建立伙伴关系

对于害羞、胆小的孩子来说，即便是妈妈再鼓励他参加集体活

动，恐怕都难以取得好的效果。对于这样的孩子来说，应该从一对一的交往方式开始，这样不仅能让孩子感觉安全，出现问题也好协商和解决。如果一下子和很多小朋友在一起，这不仅需要勇气也需要胆量，会让孩子产生不安全感。妈妈可以在接送孩子去幼儿园的时候，主动和孩子班上的小朋友以及家长搭讪，让孩子感觉妈妈也在他的生活圈子里，缩短孩子与其他小朋友的心理距离。同时，妈妈要注意寻找那些活泼开朗的孩子，尽量创造机会让孩子和这个小朋友在一起玩，可以一同回家或者周末相约一起到公园或者游乐场玩，这样，孩子慢慢就有了自己的朋友，在幼儿园就不会再感到孤单。

2. 邀请小朋友到家里来玩

即便是孩子再孤僻，但是他内心也有与人交往的意愿，也都有被人喜欢被人接纳的渴望。但是，孩子不好表达或者不敢表达自己，这个时候，妈妈就可以利用机会，加强孩子与小朋友的亲密关系。如在小区一起玩的时候，你可以鼓励孩子邀请其他小朋友到家里来玩，很多小朋友都有这个好奇心，如果对方父母不反对，一般都能接受邀请，或者在孩子生日时，和孩子商量请他认为要好的小朋友来家里做客，孩子在自己的家中，感觉到熟悉和放松，就有一种主动性，也会比较容易和小伙伴融合到一起，当然，这要有妈妈的引导和协助。

3. 强化孩子接受"邀请"

一般在邀请别人到自己家里后，别的小朋友也会提出这样的邀请，这时候，妈妈一定要及时鼓励孩子接受邀请，对其他小朋友进行"回访"，这时候还要对孩子多多赞赏，让他感觉到在小朋友社交中的地位，对孩子在别的小朋友家的礼貌表现更要不吝夸奖，以便强化好的行为。

孩子之间的互相带动作用是非常大的，当孩子懂得享受交朋友的乐趣后，就会慢慢地融入幼儿园的圈子里了。

如果妈妈不能亲自带宝宝，一定要看带宝宝的老人或者保姆的性格，如果抚养人性格孤僻或者说话方言很重，无法和周围的人交流和沟通，那么宝宝的性格就会受其影响，到了幼儿园也会出现严重的不适应。从这个角度说，孩子在上幼儿园之前，最好由妈妈来带，而且妈妈要经常和其他照看孩子的妈妈们建立广泛友谊关系，以自己的社交来影响孩子的社交。

♥遇到欺负，退让还是反击

露露从幼儿园回来，经常和妈妈讲"幼儿园某某小朋友欺负我了"，妈妈刚开始觉得幼儿园小朋友在玩的时候难免会有些磕磕碰碰，也就没有在意。但是有一天妈妈在接露露回家时发现露露的胳膊上有红印，经过询问之后才知道这是小朋友掐的！妈妈的火气马上就上来了，她刚想告诉露露以后再有人欺负她就打他！可是话刚到嘴边她又咽了回去，也不能教孩子打人呀，这不是以暴制暴吗？可是，孩子总被欺负也不是办法呀！露露妈陷入了烦恼之中。

露露出现的这种情况是很多上幼儿园的小朋友都会遇到的问题，这个现象是由这个年龄阶段孩子的心理特点决定的。孩子年龄小，表达能力差，有的孩子往往用动作来表达对同伴的喜欢，对这种"喜欢"的表达方式有的小朋友可能不理解或不接受，误认是别人欺负自己了。另外，这时候孩子的自制力比较差，不能有效地控制自己的情绪，因此，常会出现"欺负人"或者"被人欺负"的情况。

如果当孩子遇到别人欺负时，一味地教强调忍让，做个乖乖的"小绵羊"，会让孩子觉得连父母都保护不了自己，从而滋生胆小懦弱的心理，遇到事情一味退让，最后形成软弱的性格。但是如果教孩子以牙还牙，做个凶狠的"大灰狼"，"谁要敢欺负你，你就打他"，又会让孩子形成暴力的性格倾向，最后也会在幼儿园成为不受欢迎的人。因此，露露妈的烦恼确实可以理解。

但是，怎么教孩子处理这种事情呢？这里有几点建议可以供各位妈妈参考：

1. 教会孩子自我保护

当孩子面对伤害的时候，首先要教孩子学会自我保护，如可以大声地震慑对方："不许你打我！"也可以用手用力地推开对方。如果别人上来抓脸时，可以用胳膊挡一下。有的时候，情况比较危急，感觉自己打不过可以跑掉，这样对方就打不到自己了！必要的时候，也可以向幼儿园的老师寻求帮助。

2. 让孩子将英雄形象内化到心里

齐齐在幼儿园里经常受欺负，齐齐妈发现孩子受欺负的根本原因在于不够自信。也就是说，齐齐不相信自己能战胜眼前强大的对手，结果一味地退让，导致对方有进一步想欺负齐齐的念头。幼儿园的老师给齐齐妈出了个主意，就是让齐齐多看那些除恶扶弱的英雄卡通片和故事书，这样孩子就会在言行上模仿他的偶像。于是，无论在家里还是在幼儿园，都会看到齐齐高举着小手，大声喊着"我要为正义而战"的样子，不用说，齐齐不再受欺负了，因为他觉得自己是强大的，自己就是英雄。

3. 好朋友可以用来一起抵御强权

孩子的世界和大人的世界是一样的，同样充满了各种强权和势力，如果单打独斗，肯定容易吃亏，但人都是生活在群体里，来自人和人之间关系的种种压力是难以避免的，因此，只有联合起来才能更好地维护自己的利益。仔仔班上有个"小霸王"经常欺负仔仔，但是有一次，仔仔实在是被惹急了，愤怒一下子爆发了，把那个个子比他高很多的"小霸王"推倒了，"小霸王"这次没占到便宜，趴在地上哇哇大哭，仔仔则紧紧地搂抱住好朋友亮亮，表情很紧张，但却依然大声叫着："谁让你打我！"可见，有朋友在场的时候，孩子做事就会有底气，就会因为有人支持而变得勇敢和强大，这和大人没什么不同。因此，在幼儿园的班级里交朋友是妈妈们需要再三强调的重点工作，这不仅让孩子的社交能力有长足的进步，同时也是强大自身的有效方法。

需要妈妈们注意的是，如果孩子回家经常说有人欺负他，要问孩子欺负他的总是那么一两个人还是有很多人。如果孩子今天说小强欺负他了，明天又说遥遥欺负他了，后天又换了其他的小朋友——那问题可能出在自己家孩子身上。因为幼儿园虽然可能有"小霸王"，但是也没有那么多的"小霸王"，也许是自己家的孩子不会和小朋友交流和沟通，被其他小朋友误解；可能是不懂得谦让，事事要以他为先，因为霸道不被小朋友喜欢；也可能是鸡毛蒜皮的小事都要去老师那里告状，搞的小朋友们不喜欢他……

孩子在家如果被过度保护，过度宠爱，孩子在幼儿园没有了在家高高在上的地位，就会闷闷不乐，忧心忡忡，觉得大家都在"欺负"他。如果长期怀着这种心理，孩子慢慢地就有可能形成仇视社会、漠视权威、觉得世界都对不起他的性格倾向。对于这种情况的孩子，家长的当务之急是逐步减少保护、宠爱、照顾，让孩子在家庭中成为平等一员，不要事事以他为先，让他减少特权感。如果想避免这样的"亡羊补牢"，从孩子一出生，就营造平等民主的家庭氛围才是明智之举。

除了真的在幼儿园和小朋友产生冲突，孩子回家总向你告状说有人欺负他也可能与引起妈妈的关注有关系。如果妈妈很少关心孩子，或者孩子很想把妈妈留在身边，他就会想一些办法让妈妈注意。这时，他会编造一些让妈妈担心的事情，比如说："有人欺负我了。"孩子虽然上了幼儿园，即使有再多的朋友，也没有父母重要。在幼儿园时期，父母依然是孩子重点依附的对象，孩子心里对父母的牵挂和依恋是无法消除的，要让孩子心里有安全感，多在家里陪伴孩子，周末多带孩子出去玩耍，让孩子放心和安心，他才能更好地在幼儿园愉快地生活。

对于孩子的种种情况，妈妈要和幼儿园的老师多沟通，针对具体的情况来引导教育孩子，教会孩子与人相处的方式，告诉孩子怎么做小朋友才能接纳他并且和他一起玩。幼儿园已经是一个小社会，也是妈妈培养孩子学习处理人际关系的最好时期。

专家妈妈贴心话

> 如果孩子在幼儿园经常受一个小朋友的欺负，经过老师或者家长协调仍然不能起作用，不妨鼓励孩子和这个"小霸王"打上一架，用自己坚强的回击来处理自己所受到的不公平待遇，总是忍让，就会让孩子变得懦弱，感受不到自己的力量。但是在教育孩子以强硬方式反击的时候，要注意尺度，不要让孩子就此滋生暴力性格的倾向。此时，教育要把握的核心应该是"我不被人欺负，但也不能欺负别人"。

♥爱打架的"小霸王"该如何调教 ✳

如果孩子在幼儿园受到了欺负，当妈的心里免不了心疼和着急，但是，对于那些在幼儿园"称王称霸"的孩子妈妈来说，同样也存在着烦恼和焦虑：怎么样才能让孩子改掉爱打人的坏毛病呢？

其实，孩子爱打人，和家庭教育有很大的关系的。

家庭如果很冷漠，父母很少和孩子交流，因为缺少家庭的温暖，孩子就会封闭自己，表面上显得可能很听话，但是内心可能喜欢攻击，因为他要用暴力来保护自己。

对孩子过分溺爱也是让孩子容易产生攻击性的一个重要原因，"小太阳"在大家的关注之下，很容易产生思维定势，就是一切唯我独尊。可是，到了幼儿园，大家都是平等的关系，他没有了特权，一旦需求受挫，就会用攻击的方式来发泄内心的不满。

也有的妈妈表面上和别人批评着自己的孩子："我家宝宝啊，在幼儿园里净打别的小朋友，可愁死我了！"可是，你看她是笑着说的，看孩子的眼神也充满了赞许和鼓励，不用说，她心里想的与嘴上说的刚好相反，其实，明眼人一看就知道，她正为有这样"厉害"的孩子而沾沾自喜呢！难道孩子感觉不出这样的赞许和鼓励吗？有这样的家长，不愁不把孩子培养成"小霸王"。

有的妈妈（本身就"好斗"的爸爸们更多），在听了孩子讲述在幼儿园受欺负的事情后，立刻教孩子一定要以牙还牙，"没事儿，大不了上医院咱给他出医疗费！咱别受欺负就行！"孩子在这样的默许和鼓励下，当然在幼儿园里有恃无恐了。恐怕您身边有不少这样的家长吧？

还有的妈妈在孩子打人后态度不够坚决，如当孩子打了别人，妈妈会用商量的口吻说："孩子呀，咱下次能不能不再打人了呢？"——这样的口吻，怎么能让孩子意识到问题的严重性呢？打人的行为岂不成了可做不可做的事情了？

也有的妈妈经常苦口婆心地教育孩子："打人之后要道歉，要说对不起！"结果，孩子确实这样做了，却不知道自己是不可以随意打人的，对小朋友依然照打不误，家长还很纳闷，自己明明辛苦教育了，可是为啥孩子还屡教不改呢？她不知道重点在于让孩子停止打人的行为，而不是过后的补救工作。

也有的妈妈在孩子打人后会严厉处罚自己的孩子（这样的情况更

多可能会发生在爸爸身上），他们怒气冲冲劈头盖脸地一顿责骂，不分脑袋屁股先打孩子一顿："看你下次还敢不敢打人！"这样的惩罚，会让孩子更加认同以强欺弱的生存方式，同时也学会把打人看成是发泄情绪的手段。这样的家庭，一般习惯用这种强制方法来教育孩子，用武力来将自己的意志强加到孩子的身上，而幼儿园阶段的孩子，正处于对父母的模仿阶段，父母这样的行为会给孩子树立横行霸道、不讲道理的榜样，使孩子误以为霸道、打人骂人就是解决问题的最好办法。于是，一些孩子在欲望得不到满足时，就有可能模仿父母的行为来发泄自己的压抑。这样的教育，同样也是失败的。

那怎么样才能做到合适的惩罚，让孩子意识到错误并改正自己的行为呢？这里给妈妈们一个标准，那就是：说理法 + 冷处理法，两种方法合并使用，才能让孩子对自己的"霸王"行为有深刻的认识。

举个例子来说，天天妈在接天天放学回家时，幼儿园老师说天天因为争夺玩具而打了莉莉，天天妈知道后让天天对莉莉道歉，虽然天天道歉了，可是明显的不够诚心，想敷衍了事。虽然莉莉妈说没事没事，但是天天妈依然严肃地说："道歉不够，你必须把玩具让给莉莉玩，谁打人谁就没有资格玩玩具。"天天哭闹着不肯给，最后看到妈妈威严的神情，只好把玩具给了莉莉。天天想回到妈妈怀里，但是妈妈对他很冷淡，这让天天很不安，担心妈妈不喜欢自己了，最后搂着妈妈脖子说："妈妈，你不要不理我，我以后再也不打人了。"天天妈在孩子打人后，不仅惩罚他失去了玩玩具的资格，还在情感上有意疏远了他，这样，让天天深刻地认识到了打人之后要付出的代价。

天天妈的做法无疑是很恰当的，惩罚孩子的时候一定要注意一些原则：惩罚孩子的时候一定要注意就事论事，不要上来就是"你这个不听话的孩子！""你这个坏孩子。"这样的笼统而负面的评价很有可能影响到孩子的自身评价；惩罚及时也很重要，不要事情过去了很久才想起惩罚，这样同样于事无补；一定让孩子知道为什么而受到的惩罚，对惩罚的原因不能糊里糊涂；惩罚也不要过于严厉，不要因为惩罚而影响到了孩子的积极性和创造性，最后搞得适得其反就糟了。

掌握了惩罚的原则，还可以发展出很多合适的惩罚方式。

除了上面提到的说理法和冷处理法之外，还可以采取隔离法和取消孩子既得利益的方法来给孩子惩罚，如让孩子单独一个人思过让他感受到冷落，如果他每天都从幼儿园回来之后回家吃水果和零食，那么就停止一天他的这个权利，这些方法对3～6岁的孩子更有效。

让孩子受到打人之后的有效惩罚还不够，妈妈还应该让孩子学会用语言而非暴力的方式解决问题。还要让他知道维护正当权利和因生气而攻击对方是不同的。需要注意的是，自己一定要先保持冷静。父母是孩子学习的对象，如果平时父母以平静的方式表达生气，以真诚的态度来表达自己内心的想法时，孩子生气时也会效仿。大部分孩子对别人生气是因为他们被激怒了，他们会哭、会吵闹，甚至还会大叫，但通过分散注意力或安慰能使他们平静下来。只有当他们极度受挫时，这些行为才会转化为暴力。在暴力产生之前，及时平息孩子的怒气能有效阻止孩子的攻击行为。

孩子和小伙伴打起来，一般情况下是因为缺乏协商技巧，如果没有成年人引导，他们是不会"轮流玩"的，当有玩具时，小朋友们的第一反应是用力抢夺，因此，当这种情况下孩子打起架来，要交给他一些社交的技巧，如"你玩够了，可以给我玩吗？""我们一起玩好吗""我们排队轮流玩"，等等。看上去很简单的道理，让三四岁的孩子弄明白还真不是一时半会儿的事。

对孩子良好的行为，妈妈要及时强化，这有利于孩子改掉打人的坏毛病。如孩子学会了和小朋友商量玩玩具而不是上来就抢，妈妈这时候要大加赞扬，用这种正向的强化法削弱孩子的不良行为。

孩子出现暴力行为也和媒体上暴力内容的挑唆作用有着很大的关系。这个时候的孩子，对镜头上的英雄人物会产生崇拜，很容易模仿崇拜人物的行为，尤其是一些孩子在看了影视剧中某些人物实施攻击性行为后扬扬得意的神情，觉得攻击行为非常痛快和过瘾，从而进行模仿。5岁的乐乐看了《西游记》之后，磨着妈妈买了一根"金箍棒"，看到小朋友就上前一棒打"妖怪"，结果很多小朋友都来找乐乐妈投诉，当然，乐乐也被那些反击的孩子打的不轻。还有的小朋友很崇拜奥特曼，看到别人就动手打"怪兽"，有时还为别人打了自己而感到冤枉。他们只在乎自己的言行是否和影视中的英雄人物一样厉害，而不会考虑行为之后的结果，这样无意之中就会对他人和自己造成了伤害。

　　针对这种情况，妈妈应该有意识地为孩子筛选节目，避免让孩子观看那些暴力镜头，尤其是血腥、杀人的镜头。当然，很多儿童的动画片也会有一些"好人"打"坏蛋"和"坏蛋"打"好人"的镜头，这时候妈妈最好引导孩子分清谁是伸张正义，谁是滥施暴行，谁是非法攻击，谁是自卫反击。家长如果能和孩子一起观看影视片，并适当地发表自己的意见，也是教育孩子很好的契机，这样可以帮孩子分析影视剧里和生活中情况的不同，以及暴力行为的坏处，告诉孩子什么才是真正的英雄，提高孩子的是非辨别能力。

专家妈妈贴心话

　　有的家长看到孩子爱打人，就禁止孩子和其他小朋友玩，这样的做法是非常不妥的。爱打人的孩子其实更需要通过和小伙伴的交往养成良好的社交习惯，需要在家长的引导下学习正确的社交方法。

♥孩子的打闹，实则在培养社交能力 ✳

　　东东已经上幼儿园大班了，一次妈妈接他回来的时候发现他的胳膊和腿都青了，问他怎么回事，他毫不在意地说是和小朋友们做游戏的时候弄的。东东妈一听不干了，非让儿子说出"伤害"他的孩子的名字来，好找家长算账去。孩子被再三逼问下才说出了另外几个孩子的名字，东东妈找到幼儿园老师，让老师帮忙在放学时候截住那几个孩子的家长，要"说道说道"，结果等到大家凑到一起的时候，东东妈发现其他的孩子的腿上胳膊上也有点青，并且，这几个小家伙凑到一起后，马上又嬉笑打闹起来，你踢我一脚，我打你一拳的。

当你的孩子身体受了点伤，或者说某某欺负我了的时候，家长请先别动怒，打打闹闹是这个年龄阶段孩子的社交特点，尤其对于男孩子来说，进攻性行为都在所难免，很多男孩子都是通过扭打、碰撞和推搡来表达感情的。

在孩子们的游戏当中，很多都是与身体冲撞相联系的，他们正在这种游戏当中，体验自己的力量，发现自己的强度和限度的。如果一个孩子谁都不碰触，也从不允许他人来碰触自己，可以想象这个人是多么缺少感情，一定很难和其他人交流。

所以，不要以成人的眼光来看孩子之间的打闹，他们之间的打闹更多的带有游戏的成分，只是一种玩耍而已。在玩耍的过程中，孩子们慢慢学会与周围小朋友之间该如何交往，对他们来说，没有吃亏与不吃亏的概念，感觉孩子吃亏其实只是大人的想法。东东根本就没有在乎身体受没受伤，只是他妈妈自己大惊小怪。即便是打得胳膊、腿都青了，这不是一会儿又搂抱在一起了吗？因此，只要能保证孩子不出大的意外，没有必要把孩子们之间的打斗看得过于严重。

即便是你的孩子天天回家告状，说谁谁欺负了他，他又打了谁谁，家长也不必过分焦虑。如果你很紧张，孩子便会从你的话语、神态、动作中感觉到不安，心理也会受到潜移默化的影响，无形中会产生压力，久而久之变得更害怕与同伴交往。

有的妈妈像东东妈一样，看到孩子身上有伤，心疼得不得了，不管三七二十一就去指责老师和对方家长，还拉着自己的孩子找人家"对质"，甚至有的家长直接帮自家孩子去打对方的孩子，这样做，实在是大错特错：小孩子打打闹闹本来是不记仇的，家长中间插这么一杠子，就会给孩子的社交造成很大的压力，让本来顺其自然消失的事情变成了严重的敌我矛盾，这会让孩子在小伙伴中变得更加孤立并且被人看不起。

不论打人的一方还是被打的一方，都不要过于强化孩子之间的冲突，孩子们之间本来没什么，被家长一番"小题大做"之后，反而让孩子发现，这样做会让家长额外关注，这样可能会造成爱打人的孩子更爱打人，而被打的孩子越发显得委屈而向家长求助，这样不仅没有淡化孩子的冲突，反而对双方都起到了强化作用。

当然，更不要让孩子不跟打人的孩子玩，尽量淡化伙伴们的冲突在孩子心中留下的负面情绪，不要加重这种情绪，否则，最后你的孩子只能成为孤家寡人。

对于那些爱"动"的孩子的家长，可以留心在幼儿园或者小区里找些不怕"打"的孩子，当然，他们的父母也对孩子的打闹不那么敏感。平时可以让他们这样的孩子一起玩，或者周末假日一起出游，从而让孩子淡化与弱势孩子在一起的情感纠结，这样孩子也不必为了"打"了谁而生活在批评当中。

妈妈也应该为爱"动"的孩子提供宣泄能量的机会，如鼓励孩子玩滑板车、骑三轮车或者溜旱冰等，多让孩子参加一些体育活动，帮助孩子减少内心的消极情绪积累；适当的时候，也要允许孩子大哭大叫。要知道，成年人有自己宣泄能量的方法，孩子也要有他自己的方式来宣泄能量，只要不伤害别人，应该尽量宽容。

如果有一天你遇到像东东妈那样的家长，气势汹汹地来找你兴师问罪，也要注意保护好自己的孩子，不要上来就对自己的孩子斥责打骂。你可以向他们道歉，并且解释："我孩子不是故意的，他年纪小，还不懂得轻重，对不起……"孩子受到对方家长的一顿抢白和指责，本来也有委屈的，这时候需要妈妈的同情和安抚，你也可以趁此机会告诉孩子，什么样的行为对方是可以接受的，哪些行为是过分的，会给人家带来伤害的。不要轻易给自己的孩子贴上"爱打人"的标签，虽然你可能会承担一些委屈，但是最终会培养出一个内心拥有强大力量的孩子。

对于3~6岁的孩子来说，有时候受点委屈或者"欺负"一下别人是很平常的事情，家长不必大惊小怪，而应该将此作为教孩子处理人际关系的时机，来给予适当的引导，让孩子逐步适应社会。

专家妈妈贴心话

孩子的精力是非常旺盛的，尤其是男孩子。如果孩子在幼儿园或者在家里的环境很小，就会使得孩子的精力无处释放，当几个男孩子碰到一起时，他们难免会打打闹闹，其实这也是一种释放精力的表现。有些妈妈看到这种情况总上前阻拦，生怕孩子磕坏了碰坏了，其实这些都是没必要的。

♥换幼儿园对孩子有利还是有害

有的孩子上幼儿园一段时间后，由于各种各样的原因，妈妈会产生给孩子转园的念头。那么，都是哪些原因使妈妈想要放弃以前的幼儿园呢？转园对孩子的心理成长有哪些影响？如果一定要转园，那么应该为孩子做好哪些心理铺垫和过渡呢？

看看下面妈妈们是怎么说的吧！

"图图上学期刚上的幼儿园，这学期我给他换了一家幼儿园，这学期还有一个多月就结束了，我不知道该不该下学期再给他换个幼儿园。我的想法是让孩子多换换环境，让孩子多接触不同的人，让他能够适应环境的变化，培养他的适应能力。我不知道我的这种想法对不对？"

图图妈是想培养孩子的"适应能力"，因此，已经给上了一年幼儿园的孩子换了两家幼儿园了，如今，又想换第三家了。可是图图妈光想着"适应能力"了，没有考虑到对一个三四岁的孩子来说，安全感是要第一培养的问题。孩子在一个家人为他搭建的城堡中走出，来到一个完全陌生的环境，本身就存在很多恐惧与不安，很少有孩子能迅速适应。至少，幼儿园的规则就需要让孩子适应一阵子。可是，孩子刚适应了这个幼儿园，妈妈就将他又带到另一个陌生的环境来"插班"，不要说新环境里的小朋友们都已经形成了自己的朋友圈子，孩子很难打破这个平衡找到自己的好朋友，就是重新适应新的教学模式和对老师建立信任也是一个让孩子很难克服的问题。小孩子的安全感的建立和巩固需要熟悉和恒常的环境，但是，如此频繁地更换幼儿园会很容易破坏孩子的安全感，更容易造成孩子在人际交往上的孤单。因此，对于三四岁的孩子来说，安全感的培养要比"环境适应力"显得更为重要。就算非要换幼儿园，也要首先尊重孩子自身的意愿，问问他想不想换，如果他和老师以及小朋友都相处得很好，强逼着孩子换新环境想必也是很不妥当的。

"我家茵茵刚上幼儿园的时候，非常积极，我晚上接她回家她都不肯走，说还要在幼儿园多玩一会儿。可是，没过几天，孩子就变得非常敏感，而且基本上每天都哭闹，在幼儿园，别的小朋友一碰她就哭，在家里，如果我们不小心碰了她，她也会对我们大声喊叫。后来在和老师沟通中我才知道茵茵被刚入园的小朋友咬伤过一次，还被一个孩子抓过脸，但好在不严重。现在半年过去了，茵茵现在虽然上学不哭了，老师也说她在幼儿园表现很不错，可是我觉得孩子不够快乐，缺乏自信。现在的幼儿园，虽然也每天都去，但是，茵茵很不积极，总希望周末放假。我在幼儿园观察时还发现老师对一些其他的小朋友比茵茵更热情，昨天孩子竟然和我说老师不喜欢她，批评她了。这个学期快结束了，我想是否该给孩子换一个新的幼儿园，大家说，难道我的这些疑虑是多余的吗？"

茵茵妈对孩子非常关注，是一个特别细腻敏感的妈妈，很容易产生焦虑。但是，孩子既然到了上幼儿园的年龄，就要去适应幼儿园的全新生活方式。在适应过程中，肯定会有一些烦恼产生，例如不小心被小朋友咬伤或者抓脸，这些摩擦和矛盾在幼儿园的初期生活中，是难以避免的。茵茵妈提到的"感觉孩子不够快乐，缺乏自信"，有时候这种情况一般与在家中对孩子的过分溺爱有关系，由于孩子在家里得到了家人的过分关注，表达自己的能力就会降低，到幼儿园不懂如何与老师和小朋友们交流，就可能会由于沟通问题产生矛盾和冲突。另外，在家孩子是小公主、小皇帝，到了幼儿园成为普通一员，受关注度一下子降低，这也会让孩子的心理产生严重的落差。孩子受到一些委屈，是成长中的必然，而家长对幼儿园以及老师的不满就像业主与开发商的矛盾一样，是这个关系中必然会出现的。因此，茵茵妈最好调整好自身的心态，不要轻易给孩子转园。

除了以上两个妈妈的疑惑之外，还有一些妈妈因为其他的原因在为孩子是否转园问题而烦恼。总的来说，如果出现一些小冲突是不必考虑转园的。如孩子和小伙伴打架，家长由于孩子的问题和老师产生意见分歧，班上有个别孩子欺负自己孩子等，这些问题，转园只是一种逃避，积极的解决问题的方式是要多和老师沟通，找到问题的症结，之后配合老师一同解决。从长远来讲，孩子们将来面临的是一个复杂的社会环境，所以，不要刻意地去改变孩子所处的环境，试图去找一个百分百满意的幼儿园，不管是什么样的经历对孩子的成长其实都是有利的，一旦孩子将来长大后发现周围的世界有一些不好的地方，会更加难以接受。让孩子学着接受现实，同时也要教给孩子适应现实的方法，这才是解决问题的根本之道。

当然，这并不等于说在任何一种情况下都不要转园。在有些情况下是有必要考虑转园的，如搬家，新家距离幼儿园很远，这样一来，孩子和爸妈都很不方便，很辛苦。宝宝的睡眠不足，上幼儿园也会成为全家的负担，这时候，就该给宝宝换家新的幼儿园了。

还有一个情况是父母的教育理念和幼儿园的教育理念大相径庭，如父母觉得孩子应该多学些知识，但是幼儿园的办学宗旨是培养孩子良好的习惯。如果在教育定位上出现严重的分歧，那只好考虑转园。

另外就是孩子在家的表现与在幼儿园截然相反，在幼儿园非常乖，但是在家里却非常叛逆，出奇的不听话，这可能是在幼儿园的环境中过度压抑造成的，时间长了，孩子容易形成性格扭曲。如果出现这样的情况，也可以考虑给孩子转园。

换幼儿园的时候，妈妈应该先和孩子讲这个变化，以及这个变化可能会带给孩子的影响，这样可以减少孩子对新环境的恐惧心理。有必要带孩子去原幼儿园和老师以及小朋友们正式告别，可以合影留念，也可以组织一场分别小聚餐。另外，也要到新环境中去参观几次，和新环境中的老师以及小朋友有所接触，到新的环境后，如果孩子感觉孤单，试着和老师沟通允许孩子拿自己一件心爱的玩具去幼儿园，缓解一下失落的心情，相信慢慢孩子就会适应新的环境了。

专家妈妈贴心话

　　不到万不得已的情况下，尽量不要给孩子更换新的幼儿园，孩子不适合经常更换新的环境，这和我们成年人频频换工作差不多，如果总是换工作，职业技能和人际关系都不会得到很好地发展，孩子也是一样的。

♥孩子爱打小报告不一定是"好管闲事"

　　帆帆妈发现孩子每天从幼儿园回来都会和她打各种小报告，诸如："妈妈，我们班思彤不好好喝水！""吃饭的时候，小晶把饭都弄到地上了！"这样的小报告也就罢了，有时候，帆帆连"慧慧用手指我"这样的小报告都要打。帆帆妈每当听到她的各种对小伙伴的"控诉"时都哼哈地答应着，但是后来她忽然想，如果孩子在幼儿园天天围着老师这样打小报告，小伙伴该多么厌烦她呀，还记得当年自己上小学的时候，就非常讨厌班上老向老师打小报告的同学小红。

一想到这些，帆帆妈在第二天送帆帆上幼儿园的时候就和帆帆的班主任老师沟通了这个顾虑，结果老师说帆帆确实也在幼儿园整天围着她转，一会儿说某某小朋友打她了，一会儿又报告某某小朋友违反纪律了，总是数落小伙伴的不是，小报告之多，令她也管不胜管。

帆帆妈一听老师也这么说，并且看到老师也无可奈何的样子，心里有点着急，她仿佛看到女儿像当年的小红一样被小伙伴们讨厌。

那么，如何解决像帆帆妈遇到的这样的问题呢？

首先妈妈需要搞清楚孩子打小报告是出于什么样的心理原因。其实，孩子打小报告的原因有很多情况：

有些孩子以前被别的小朋友在老师面前打过小报告，并且因此受到了老师的批评和指责，他怀着以牙还牙的心理，通过小报告来反击，达到心理平衡。

有些孩子希望在别的孩子表现很差的时候，为自己贴上好孩子的标签，以获得老师的关注和爱。这类孩子的内心深处可能觉得老师或者家长不注意他，甚至认为老师过于偏爱一些孩子，而对他的关注不够多。为了让老师认识到他的价值，他就会"打小报告"来达到目的。

还有些孩子抱有想把其他小朋友从道德和行为的错误中拯救出来的心态来向老师打小报告，这往往会起到对其他小朋友的帮助作用。如一个孩子倒着爬滑梯，而另一个小朋友在上边正要滑下来，这时候看到情况不妙的小朋友打的一个小报告就非常有作用了。

有的幼儿园老师喜欢打小报告的孩子，感觉他们听话好管理，并且和老师亲近，于是对这样的孩子另眼相看。这样做的结果会助长孩子打小报告的风气，使更多的孩子参与到这样的行动中，并且延伸到爸爸妈妈那里。

另外，有些家长教育欠妥也是令孩子产生这种习惯的一个重要原因。尤其是孩子刚上幼儿园的时候，为了避免孩子受到委屈和伤害，一般家长都会教给孩子一些基本的处事策略，如遇到不开心的事情或者受到了别人的欺负，要找老师来解决。家长希望在没有父母的保护下，孩子也能快乐地在幼儿园生活，但是如果孩子不论遇到什么样的事情都一味地报告老师来替他解决问题，不但会失去小伙伴的信任，还会养成依赖的习惯，并且减少了独自面对困难的学习机会。

从上面的各种情况可以看出，面对孩子的"小报告"不能简单地认为孩子是"多嘴多舌""好管闲事"，如果家长能够花些时间来弄清楚自己的孩子打小报告的原因，就能"对症下药"，那样才会真正帮助到孩子。

但是，不论怎样说，打小报告都意味着一种无能，都表明了一种事实：在自己的能力不能达到之时，借助其他强有力的人来控制别人。因此，妈妈应该注意在孩子的孩提时代，不仅自己要正确地面对孩子的"小报告"，更重要的是要教会孩子自身处理前来报告的各种小事，将来孩子长大了，自然也就有了处理大事的能力。

面对孩子的小报告，妈妈不应该只是哼哈地来敷衍，而是应该首先给予孩子充分的肯定："很高兴你告诉我这件事。"这样会满足孩子需要被关注的心理需要，需要处理的事情再酌情考虑如何处理。

如果孩子向你诉说的都是一些鸡毛蒜皮的小事，可以用一种夸张的方式来回答孩子的小报告："啊，他真的那样做了？他在开玩笑吧！"用幽默来将大事化小。通常，这种回答会让孩子觉得重要的事情变得微不足道，而孩子也会感到跟你说这件事情似乎很没有必要。

如果孩子在和小伙伴玩的时候，因为矛盾和挫败而来向你打小报告，寻求你的帮助，你可以先平复他的情绪，努力在情感上保持中立，不要先给他们贴上对和错的标签，冷静地说明规矩并要求他们听话。也可以给出一个大概的建议，鼓励孩子们自己来解决问题。

如果孩子在幼儿园受欺负因为打小报告而获得了老师的帮助和解决，最好引导他再好好想想，除了打小报告之外，是否还有更好的解决办法，让孩子慢慢学会宽恕、谅解、克制愤怒，同时也能勇敢地面对那些直接伤害自己的对象。

专家妈妈贴心话

对于那些爱和妈妈打小报告的孩子，妈妈也可以利用这个特点来教育孩子。如孩子犯了什么错误的时候，你就可以对他说："嘿嘿，你犯错了，我明天告诉你老师，老师就不会给你小红花了。"孩子肯定不愿意你告诉老师，会用撒娇或者哭闹等方式阻止你，这时候你就可以进一步引导："别的小朋友犯错的时候，如果你告诉老师，那个小朋友会有怎么样的后果呢？"这样的方式，可以让他感同身受被他打小报告的孩子的心理活动，对自己的行为就会多一份思考。

第二章
3~6岁，性格塑造的"水泥期"

"人家孩子活泼开朗、人见人爱，性格多好！"你在羡慕别人孩子"好性格"的时候，是否为自己孩子内向而安静的性格而感到遗憾？

"我家孩子性格孤僻，长大了恐怕也难成大事！"有这样感叹的家长你知道性格与智力是否相关？

"我一定把孩子的慢性子给'扳'过来，要不事事都会落在人家后头！"试问，你是否在为孩子"嫁接"性格？

在幼儿园更多小朋友的参照下，孩子的性格特征也得到了凸显，是外向还是内向，是好动还是退缩，是慢性子还是暴脾气……俗话说："三岁看大，七岁看老。"因此，人们往往把3~6岁称为性格塑造的"水泥期"，一个人的性格在人生的初期就已经基本定型了，但对于孩子日益明显的性格，我们家长应该秉持一个什么样的态度呢？性格有没有好坏之分？需要不需要改变？有些性格上的负面因素该如何引导孩子降低？

在孩子性格的"水泥期"，我们家长能做的事情是什么呢？

♥孩子的性格需要接纳不需要改变 ✺

提到孩子的性格，平时就可以听到很多妈妈的担心："我家孩子太敏感了，有时候只要我瞪她一眼，她就会自己一个人走到角落里偷偷地哭起来。"也有的妈妈讲："我家孩子是个火爆脾气，稍有不顺心，就大哭大闹的，唉，怎么能让他安静点呢！"

如今处于"育儿焦虑"中的年轻一代妈妈，恨不得自己的孩子生就一个"完美"的性格，但是，所谓"完美"的性格存在吗？

如果我们的社会是一部大机器的话，那生活在社会上的每一个人就都是一个个零件而已，我们的社会需要不同的零件，也就需要不同类型的人，当然也需要不同性格的人。有的家长不喜欢孩子性格内向，那么试问这些家长：主导社会生活、文化、政治的那些领袖人物，有多少是热情开朗的？是的，这部分高层人士往往是性格内敛和沉稳的。

每种性格的人都会在社会上找到属于自己的天地，性格本身没有好坏之分，因此，想要去改变孩子已经渐渐形成的性格无异于逆水行舟，费力而不讨好。聪明的做法是顺势而为，看到孩子性格中积极的一面，接受和喜欢孩子的性格，并且让孩子也能积极认同自己独特的个性。否则，你对孩子性格的不接纳，就会造成孩子对自己的不接纳，孩子的内心就会产生矛盾和冲突，最终自己本性中的优势没有得到积极的展现，而忙于去"嫁接"那些本来不属于自己性格中的特质，这样就会造成孩子内部资源的耗损和浪费，并且让孩子对自己怀有一种深深的否定感和缺陷感。

对于3～6岁的孩子来说，他们的成长还有着无限的可能性，他们的生命是不断流动变化着的，成人看到的部分并不是孩子的全部，但是如果成人把目光紧紧盯在孩子性格的一处，就会让孩子的性格产生"固化"，从而让孩子的性格发展得不到自由，这样无异于给孩子贴上了性格的"标签"，最后使孩子以自我求证的方式来强化这个性格特征。

一个妈妈带女儿去公园玩，女儿和另一个小孩比赛赛跑，结果那个孩子每次比赛都是输，第三次失败之后小家伙索性躺在地上撒起泼来，又哭又闹满地打滚，大人们纷纷过去劝解这个孩子，甚至那个孩子的家长还把女儿刚刚买的薯条都拿过去哄这个孩子，而5岁的女儿站在原地一动不动，看着属于自己的薯条被拿走也隐忍着没有发出一声不满。

这个情景让妈妈为女儿感到非常难受，是啊，在这个竞争激烈的时代，会哭的孩子才有糖吃，女儿如此胆小、忍让，将委屈都压在肚子里，将来到了社会该怎么办呢!？冲动的妈妈恨不得马上过去教女儿泼辣和强悍一些。

但是这位妈妈转念一想，孩子这样的行为，也反映出孩子能有容人的风度和气量，只不过缺少一点胆量和自信罢了。孩子积极的一面还是要强化和巩固的。于是妈妈和女儿讨论了这件事情，对那个失败撒泼的孩子的行为表示了批评，而对女儿的宽容和大度表示了赞同。为了让女儿更深一步理解宽容，她进一步说："自己的东西被别人夺走，内心会感到很难受。但是，如果我们不这样想，换个思路来看这个'失去'的东西，自己就会想开。你可以这么想：这包薯条失去的好啊，小孩子老吃这些热量高的东西身体就会发胖的，而你没吃那包薯条，身材才会保持得这么好呀！"妈妈的话让女孩笑了起来，内心也就放下了失去的薯条。

这位妈妈就这样接受了孩子的"胆小、忍让、爱委屈自己"的性格，没有去刻意非要改变孩子成为"泼辣、强悍"的人，而是让她更进一步懂得了宽容的美德，并且释放了忍让带来的压力。在这样的教育下，这个孩子可能依然会淡然、安静和忍让，但是她内心成长和收获的却是高贵的心地和端正的品质，这才是妈妈给予孩子性格成长上最为宝贵的教育。

专家妈妈贴心话

　　孩子的每种性格都应该得到父母的接纳和认同，但是很多家长受主流社会的影响，认为只有某类性格才是好的，其实，这才是让孩子不能适应社会的根本原因。如果过于强调一种文化，不能让很多文化并存，那么就会对带有其他文化特征的孩子排斥。但是我们的社会需要各种类型的人构成一个有机的整体，这样既能牵制又能互补。对不同文化的接纳程度，反映了社会进步的程度，因此，不同性格的孩子在社会中能否得到健康的成长，实际上取决于我们成人，尤其是家长对各种文化的包容程度，是否能为各种性格的孩子提供相应的成长空间。

♥不同气质的孩子该如何分别培养

　　很多有了孩子的妈妈都会知道，有的孩子生下来就喜欢哭闹，而有的孩子从小就很乖，比较安静。长大一些后，喜欢哭闹的孩子也比较调皮、爱闹事，而从小安静的孩子，依然喜欢不言不语、平和淡然。其实，这两种孩子的不同行为就是孩子气质的一种表现。

　　人的气质类型是由神经过程的特点决定的，而神经过程的特点主要是先天形成的，所以，遗传素质相同或接近的人气质类型比较接近。一个人的气质类型在一生中是比较稳定的，但又不是不能变化的。

古希腊的著名医生波克利特按照人们的不同气质分了四种类型，即：抑郁质、胆汁质、黏液质和多血质。有的人的性格可能是典型的这四种气质之一，而有的人属于混合型，但不论哪种情况，一个人的气质，都会有一种偏向性。妈妈只有明白了不同气质的不同特征，提升自己的洞察力，了解孩子的气质倾向，才能发挥孩子的天赋特长，引导孩子趋利避害，成就孩子的性格。

1. 教会胆汁质的孩子学会自控

胆汁质的孩子最大的特点就是好动，脾气暴躁。这类孩子都很外向，直爽热情，情绪兴奋度高。在幼儿园里，很难看到这类孩子能乖乖坐在椅子上，他们总是控制不住自己。

这类孩子在幼儿园里是调皮捣蛋大王，会让老师很头疼，老师在讲课的时候往往还没说完话他就来插嘴，大家都在排队进教室时，他可能会突然离开去追赶操场上一个断了线的气球。他们喜欢运动和打斗，弄不好就会"欺负"其他的小朋友，搞得妈妈总是接到这样那样的投诉。

对于这类孩子，普通的约束根本管不住他们，但是，过强的束缚又会让孩子逆反，因此，妈妈一定要讲究策略。不妨给这类孩子一些职务，如"妈妈的好助手"，让孩子旺盛的精力转化为积极行动的动力，也可以建议老师在幼儿园给孩子安排一些职务，有了这些责任，孩子在承担中不仅感觉到成就感，还能有效控制自己行为的任意性。

2. 让抑郁质的孩子内心被爱所充盈

抑郁质的孩子明显的特征是胆小、孤僻，行为极端内向。这类孩子不容易兴奋，喜欢自己一个人玩，表现得有点不合群，不仅不喜欢和小朋友们一起玩，对任何人的防御心理都很明显。他们的情绪一般不太外露，受到表扬了也不像有些小朋友一样兴高采烈的，如果幼儿园遇到了什么不高兴的事情，他们也不会表露出特别伤心的表情，但回家和妈妈说起时会哭出声来。在幼儿园上课时，抑郁质的孩子不会很积极活跃，他们总是安安静静的，吃饭的时候，不论饭菜多么爱吃，他们也不会表现出狼吞虎咽的样子，而依然是像平时一样。抑郁质的孩子敏感脆弱，容易多疑多虑，比如：班级里有个小同学向他所在的人群一指说："我最讨厌你了！"抑郁质的孩子容易怀疑这话可能针对的是自己。

抑郁质的孩子做事认真仔细，机智警惕，观察力非常强，内心的体验非常深刻，他们会发现一般人不能发现的事情。例如：幼儿园的小朋友在玩"找不同"的游戏时，首先发现"不同"的往往都是抑郁质类型的孩子。平时，常人所不会注意的细小变化，抑郁质的孩子都能敏锐地发现。

抑郁质的孩子表面看上去不那么招人喜欢，也不善于社交，因此，也不会像热情开朗的小朋友一样会得到周围人更多的爱，因此，作为妈妈，一定要给予这类孩子更多的关注，对孩子的细心和洞察力一定要给予适当的赞美和鼓励。需要注意的是，不要强迫孩子与周围的人接触，以免造成孩子更加排斥交往的逆反心理。

由于这类孩子比较敏感，因此，当他们犯了错误，妈妈要在别人不注意时，亲切而又轻描淡写地说明错误的所在，并鼓励他去改正。不能流露出厌烦情绪。注意激发他们锻炼勇气的欲望，如在家里创造环境，让他表演、讲话等，多参加体育运动，让他们多和多血质类型的小朋友接触，克服孤僻敏感心理。

3. 鼓励黏液质的孩子提高效率

黏液质的孩子看上去比较乖巧，他们很安静，有耐心，做事情有条不紊、踏踏实实、不慌不忙的。而且他们专注于自己的事情，不容易被外界所干扰和影响。但是这类孩子反应比较慢，不善言谈，做事情容易循规蹈矩，和小朋友交往上也关系适度，没有特别好的小伙伴，也没有特别敌对的小伙伴。

这类孩子在日常表现中也很容易被辨别：即便是小朋友们都跑出去玩了，他如果没有做完手里的事情，就不会随大家一起出去；大家看到滑稽可笑的动画片都在哈哈大笑，他只会安静地笑。有的小朋友对幼儿园的老师很亲密，又拉手又要求抱的，但是黏液质的小朋友不会显示出很亲热的样子。

黏液质的孩子做事有自己的主见，不随波逐流，这是很积极的一面。但是这类孩子做事情的时候行动迟缓，就连坏情绪消退的也慢，因此，妈妈要着重注意提高黏液质孩子的行动效率。可以和孩子玩一些灵敏和锻炼反应速度的游戏，用限制时间来引导，不断克服动作迟缓的特点。鼓励并诱导孩子接受新事物，多让他们出主意，以便逐渐改变保守的心理特点。

4. 给多血质的孩子表现自己的机会

多血质的孩子活泼好动，喜欢交际，在幼儿园里是大家都很喜欢的"好人缘"孩子，这类孩子思维活跃，反应敏捷，不怕生，和谁都能处得很好，是个社交的好手，最怕的就是孤单一个人，在交往中，往往扮演领导的角色。但是这类孩子注意力容易分散，兴趣多变，情绪不稳定，做事浮躁、有头无尾，怕吃苦。

这类孩子喜欢表现，因此，妈妈应该给孩子多创造一些条件和机会，如家里来了客人，可以让他们去扮演"小主人"来招待小客人。针对孩子社交能力强的特点，也可以培养孩子在伙伴中的领导能力。

对于多血质的孩子，可以和他们多做培养和训练注意力的游戏，并要逐渐延长时间。做事时，妈妈可以让孩子先由简单的做起，逐渐变为复杂，一定要求把事做完，还要检查，以便逐渐克服他们做事有头无尾、浮躁的缺点。另外，要有针对性地让他们干些细致的家务事，养成吃苦耐劳的品质。要求他们做的事一定要督促孩子坚持到底，耐心细致地做完。

有些家长以为多血质、胆汁质的孩子将来成就大，而抑郁质、黏液质的孩子则没有多大出息，这其实是一种误会。实际上，气质并不决定一个人智力发展的水平，也不能决定一个人成就的高低。由于先天因素有重要的影响，气质对于一个人来说没有选择的余地，重要的是让孩子了解自己，自觉地发扬自己气质中的积极方面，努力克服气质中的消极方面。

♥ 爱发脾气的孩子性格就"坏"吗

不论在商场超市还是在家里，经常会看到有些小孩子发脾气的情景，有的甚至还躺在地上撒泼打挺，让妈妈们既无奈又恼火。由着他的性子吧，将来不知道会惯成什么无赖性格；给他屁股两巴掌吧，似乎暴力方式也不太妥当。

3～6岁的孩子都在不同程度上经历过发脾气的情况，这是孩子成长过程中一个正常的现象。有些孩子发脾气的问题可以通过预料和准备而加以干预的，而其他的情况却是不可避免的，这是两种不同类型的发脾气。这其实和孩子本身的性格好坏没有必然的关系。

我们首先要了解这两种类型的根本不同：一种是因为3～6岁的孩子做事能力有限，如果当他们累了、饿了，要应对变化或过度受刺激的时候，他们就会沮丧或感到难以承受，这时他们就会控制不住自己的情绪；另一种是由于具体情况而引起的，如孩子想要让别人服从自己的要求时，他们就会大声喊叫、跺脚或者做出让其他人关注的动作。

对孩子的行为要理解。孩子发脾气并不说明他们的性格"坏"，他们只不过是正在做着他们这个年龄要做的事。一般这种现象会在学龄后有所缓解。

对于发脾气的孩子，一方面要尊重和满足孩子的需要和感受。另一方面要小心地选择不伤害孩子自尊心的方式来规范和纠正他们的行为。

对于正在发脾气的孩子，妈妈可以马上做出的反应是：

可以不要理睬他，有时候因为没有人关注他，他自己就会停止。要告诉他，哭闹是没有用的，只有好好说话，妈妈才能注意听。如果孩子一发脾气就能得到他想要的东西，那么这个"发脾气"会成为孩子的一个撒手锏，动不动就拿出来胁迫你。

你也可以用转移注意力的方式让他停止哭闹，如播放一段旋律愉快的音乐，让音乐去感染孩子的情绪，或者提出一个建议，让孩子和你一起去做，这样或许就能冲散他的怨气。

对于理解能力比较高的五六岁的孩子来说，你不妨蹲下来认真告诉他：他无理取闹地发脾气，会让你很生气，并且你将不愿意和他在一起。但是，尽管你生气或者暂时离开了他，你心里还是爱他的。否则，孩子会担心失去妈妈的爱而学会压抑自己的愤怒，这对孩子的身心健康也不利。

对于三四岁的小孩子来说，妈妈不妨用幽默的口气来逗逗孩子，有时候也可能会起到作用，如，你可以绷起脸来说："从现在起，我们谁都不能笑……哦？我怎么看到一个孩子有点笑了呀……哈哈，你笑了！"

在孩子发脾气的时候切忌和孩子大吵大闹，这样做不仅会延长孩子发脾气的时间，而且这样的负面情绪会在不久的将来重复出现。但是，如果您拒绝孩子发脾气，那么他自己会尽快地平静下来。

还有，在孩子发脾气的时候不要和他试图讲什么道理。原因很简单，这是大人们也能感同身受的事情：当一个人处于情绪的旋涡的时候，什么道理都是听不进去的。等事情过去了，等他平静下来的时候，再和他谈谈，这样效果会更好。

如果你的情绪很容易被孩子负面的情绪点燃，孩子一生气你也变得怒气十足，那么，就请你先离开房间，先让自己平静下来。

在孩子发脾气时坚持你自己的立场很重要，孩子发脾气时秉承的原则应该是：温和而坚定。

在孩子发脾气时，告诉孩子一些处理愤怒情绪的方法是有必要的，这样可以从长远来杜绝孩子乱发脾气伤害他人和自己。

1. 让孩子将情绪喊出来

当孩子处于强烈的负面情绪的时候，他的内心会积压着很大的能量，如果这些能量得不到宣泄，对孩子的身心都是不利的。不妨让孩子大声喊出自己的情绪，如："我很生气！我很生气！"当然，这个时候你应该严肃对待孩子的感受，当他宣泄完了，再去问他原因以及帮他解决问题。

2. 帮孩子找到倾诉和发泄对象

当孩子心里不愉快时，可以让他找自己最喜欢的玩具来诉说，或者看自己喜欢的动画片和故事书，也可以找东西来宣泄，但是不能攻击人，可以用棍子打一棵树，用拳头捶打毛绒玩具等。

3. 不要让孩子对自己的情绪内疚

如果你指责孩子的情绪，如"你怎么这么爱生气呀！""你性格怎么这么差呀！"就会让孩子产生自责内疚的负面心理。让孩子知道生气是每个人都有的情绪，如果你能正确面对和接纳自己的负面情绪，就可以给孩子做个很好的榜样。如果自己有负面情绪的时候也可以适时告诉孩子，如："妈妈现在有点烦，不过和你没关系，我想一个人待会儿，好吗?"

4. 不要否定孩子的情绪

有的孩子在哭闹的时候，耐心差的大人可能会对孩子喊道："你给我憋回去！"或者有的妈妈说："你在这哭吧，我可没有时间陪你，我走了！"孩子哭得已经很伤心了，这个时候，如果妈妈再批评他、甚至要离开他，会让孩子的内心更加伤心无助。其实，让孩子哭出来，对化解孩子的情绪非常有帮助。

专家妈妈贴心话

情绪管理是提高孩子情商的一项重要内容，也是让孩子学会克制、保持镇定和从容性情的必要手段，在孩子人生的初期，妈妈要教给他们调节情绪的方法。拥有良好情绪和健康心态的孩子，在将来的生活中更容易获得幸福和成功。

♥孩子做事慢，性情不一定慢

在和很多3~6岁孩子的家长沟通的时候，发现很多家长都抱怨孩子的"慢性子"。如一位女儿在中班的妈妈说："每天给孩子穿衣服我就要用差不多半小时的时间，如果你给她穿吧，她半天也不肯抬一下胳膊，或者穿一半的时候又非要去做别的事情。让她自己穿吧，她磨磨蹭蹭更不知道要等到什么时候才能穿完！"有一位儿子在小班的妈妈补充说："说到喂药就更愁人了！就那么一点点冲剂，孩子一小口一小口的不肯快喝，有时候我实在等急了，就掐着鼻子给他灌下去，最后搞得孩子哇哇大哭，我也累得满头大汗，唉，没办法！"

在前面的"不同气质的孩子该如何分别培养"的内容中已经提到了人的气质特征有很大的先天因素，有的孩子先天就是慢性子，如黏液质性格的孩子重要的特点就是"慢"，做事效率低。不仅吃饭慢，穿衣慢，事事都很慢。这类孩子的"慢"是天性使然，妈妈在接纳孩子个性的基础上多鼓励孩子，千万不能责骂和嘲笑孩子，也不必一味地想改变孩子的本性。

但是，如果任孩子这样"慢下去"，将来孩子事事都落在别人的后面，也会让孩子承受巨大的心理压力。因此，在尊重孩子、宽容孩子的前提下，有必要对孩子的慢性子进行"调教"。

在"调教"之前，有必要对孩子的"慢性子"进行一下分析，不同性质的事情应该区别对待。一般来说，孩子的"慢"除了先天的因素之外，还有很多其他因素：

1. 爸妈都是慢性子

作为家长，在教育孩子的同时一定要经常自省，孩子慢性子是否和自己有关系？如果夫妻两个人都是慢性子，那还能让孩子"快"得起来吗？想让孩子快起来，不如全家总动员经常搞搞比赛，看谁事情做得快。

2. 孩子对做的事情不感兴趣

还有的孩子并非事事都做得慢，对那些自己感兴趣的事或有较大诱惑的事情动作就很快，但是做一些自己不情愿的事情，动作就会变得慢吞吞的。如果他想去动物园，只要你招呼一声，他就能像离弦的箭一样冲出去，但是你让他写个总不能得小红花的作业，他就能磨蹭一个小时。对于这样的孩子，一定要摸清楚他感兴趣的东西，用这些东西刺激他来完成必须要做但又不太喜欢的事情。

3. 大人要求过高

孩子的能力还不强，有时候动作和思考会有些慢，但是大人按照自己的能力去要求孩子，有时候要求超出了孩子自身的能力，大人就会认为孩子"磨蹭"。这样的家长总倾向于指责孩子，而这种指责会让孩子更加"磨蹭"。因此，这样的家长不妨将指责转为鼓励，如孩子吃饭很慢，不应该对孩子说："你看你吃饭吃的，半个钟头过去了还没吃完！"而应该说："你比上次吃得快多了，上次用了40分钟吃饭，今天我估计你30分钟就能吃完！"

4. 大人过度包办

在嫌孩子做事"慢"的时候，大人还应该反思自己对孩子是不是过度照顾，以至于什么事情孩子刚做了一半，就因为"慢"或者"做得不好"而被你抢过来帮着做了？如果是这种情况，孩子就会觉得我慢点也没有关系，反正有人帮我收尾。

5. 孩子注意力不集中

有些孩子在做事的时候，注意力容易分散，旁边有什么好玩的事就会让他忘记了初衷。干着干着就去做别的事情了，正在吃饭时，听见楼下有人说话，孩子就放下饭碗去看个究竟；本来要去刷牙，可是走到浴室里发现有一盆水，孩子就开始玩起水来了，刷牙的事情也忘到爪哇国去了。针对这种情况，家长可以培养孩子养成良好注意力的习惯，这样，孩子做事的效率才能得以提高。

专家妈妈贴心话

在让慢悠悠的孩子尽快完成一件事情的时候，妈妈最好不要说："快点，你快点呀！"因为孩子内心的秩序被妈妈搞乱了，没有了思考和准备的时间，做事情自然会产生一种畏惧心理，更加影响做事的效率了。为了督促孩子加快做事的效率，妈妈不妨使用"计数法"来解决孩子做事缓慢的问题，即给孩子倒计时，数字会让孩子内心产生一种压力，从而有效完成任务。当然，妈妈数完数字应该在孩子完成事情之后，这样会让孩子产生成功的感觉。

♥巧用"间接肯定"来培养孩子自信

"我不会""我不行""妈妈，还是你来做吧！"当孩子向妈妈说出这些话的时候，你是否意识到孩子的自信心不足呢？还有的孩子在家里表现尚好，可是一到幼儿园能说出来的话就变得说不出来，事事都躲在小朋友的身后……

自信是一个人能力的支柱，如果没有自信，就很难做出什么成就来，这个道理是众所周知的，现代的父母也非常注重用"赞美"和"夸奖"的方式来培养自己孩子的自信。但是，孩子自卑的问题有很大原因恰恰是出自这些不恰当的"培养方法"。

"宝宝，你真棒""我家宝贝最厉害了""宝宝最乖了"类似这样的夸奖常常在成年人嘴巴里溜出来，并且已经呈现出泛滥之势。这样笼统的表扬，虽然也能起到提升孩子自信心的作用，但是，孩子并不知道自己到底"棒"在哪里、为什么受到的表扬，就很容易产生骄傲、听不了批评的坏习惯，还容易形成孩子无拘无束、骄横无礼和唯我独尊的不良性格。如果孩子在3岁前一直是在这样的赞美中成长的，那么上了幼儿园之后，孩子会很快发现在做很多事情的时候，自己都是落后于人的，在这样强烈的对比之下，以前树立起来的自信就会不堪一击，轰然倒塌，孩子很容易滑入自卑的陷阱。孩子自己会突然意识到：原来以前那个完美的自我是假的，自己并不是那样的好，而是如此的差！当孩子认清了这个真相后会是一个沉重的打击，很难从自卑的陷阱中爬出来，更不要说树立良好的自信了。

因此，夸奖孩子的时候要讲究方法，原则就是：对事不对人，夸奖一定要具体到位。如孩子一向是不收拾玩具的，而有一天他忽然将玩好的积木收到了玩具桶里，这时候妈妈看见了就应该赶紧说："宝宝知道自己收拾玩具了，妈妈很开心呀！"在这样的夸奖下，孩子知道自己为什么受到了表扬，下一次还会收拾玩具，并且比这次做得还好。

除了这种直接的表扬之外，间接的肯定和夸奖更能让孩子建立自信。因为直接的鼓励、表扬、夸奖，有时候会被孩子看成是父母对自己的"奉承"，他们会对这些话在相信程度上打一些折扣。而间接的夸奖则是父母看似无心地 "承认"和"肯定"孩子的，所以，孩子对这些形式的夸奖会更加容易接受。下面和妈妈们分享一些具体的方法：

1. 电话间接夸奖

如果你经常和远方的亲人通电话，那么难免会说到孩子的问题，你可以趁宝宝在身边能听到的机会好好赞扬他一番："嘿，小宝现在可有进步了，现在回家第一件事情就是写幼儿园的作业（虽然未必是每天都这样做），还知道帮助大人做很多家务，经常帮我扫地、叠衣服、擦桌子……"孩子在一边听见了，保准以后将你夸奖的这些事情做得更好。

2. 客人来时的教育机会

如果客人到你们家做客，也要抓住教育孩子的契机。你可以把孩子写的字、画的画（只要是你想改善和强化孩子的方面都可以）拿出来给大家欣赏，嘴上不要忘了说："以前小宝写的字不太好看，但是你们看，他现在的字都写得这么好了！"客人即便认为小宝的字写得一般，这时候也会顺应着说："嗯！写得真不错！"别看孩子在一边漫不经心地玩他的玩具，但是这些话他都会深深记在心里，也会通过妈妈由衷的赞美而感到妈妈对自己的欣赏和爱，从而更加努力做好妈妈拿出来"炫耀"的方面。

3. 开辟一个作品展示区

如果有条件，尽量给孩子提供一个自己的房间，里面放满他的东西，因为有自己的领地，孩子会有一种骄傲感。如果没有条件，可以在客厅给孩子提供一个"作品展示区"，可以将孩子的涂鸦之作以及在幼儿园做的手工陈列在此，让孩子产生荣誉感，从而激发自信。

4. 让孩子在比赛活动中感受到自己的价值

平时，可以带孩子多参加一些社会活动，鼓励孩子参与一些竞技比赛，即便孩子没有得到名次，也要夸奖孩子做得好的方面，让孩子通过事实证明自己确实是"很行"的，并不是妈妈的"个人见解"。

5. 给孩子更多的选择机会

在给孩子买东西的时候，尽量让孩子自己去做选择，不要越俎代庖。也许他的选择令你很不喜欢，但也不要否定孩子的眼光，自己的意见被尊重是自信的开始。为了避免孩子任性的要求，你也可以给孩子选择的范围来限制他，但同样尊重他选择的权利："你要买这件还是那件呢？"

专家妈妈贴心话

如果孩子很缺乏自信心，妈妈一定要和幼儿园的老师多沟通，让老师多发现孩子的优点并且给予鼓励，如果孩子当着小朋友们的面受到了老师的表扬，这比妈妈费心费力的"自信心"培养更卓有成效。

♥孩子爱"臭美"会不会滋长虚荣心

果果妈经常和果果为了上幼儿园穿什么衣服而展开"战斗"，一旦"开战"就闹腾半个小时左右而耽误了上幼儿园的时间。为此，果果妈真是头疼。这不，一大早母女俩又吵上了，本来已经到了深秋，可是果果非要穿夏天的裙子上幼儿园，还坚决不穿打底裤，妈妈担心女儿着凉感冒，说什么也不让她穿，而果果就是不穿妈妈要求穿的长裤子，吵来闹去，半个小时又过去了，不用说，上幼儿园又得迟到了！最后，果果妈气得打了果果的屁股几巴掌，但哭得上气不接下气的果果嘴巴里还在坚持着自己的主张："妈妈，我不怕冷！"最终的结果是，果果到底穿着自己飘逸的小裙子在寒风中上幼儿园去了，果果妈则坐在沙发上气得呆坐了好久都缓不过神儿来。

果果妈不仅担心的是女儿感冒的问题，她还担心孩子这么不顾一切地在意外表，虚荣心理过重，将来只知道追求这些外在的东西，岂不成了"绣花枕头"？

果果的情况其实发生在很多3～6岁的孩子身上。这个时期的孩子虽然很小，似乎不太懂"美"是什么，但是他们已经在周围人对他们的评价中，建立起了自我形象，并且将周围人对美的评价作为自己的评价标准。

赢得周围人的关注和赞美，这不仅是孩子内心的需求，也同样是成年人的内心渴求。很多人之所以努力维护自己的美好形象，也与在意周围人的评价是直接相关的。果果如此固执地要求穿夏天的那件裙子，一定是周围人给予了良好的评价。而妈妈的强烈反对，又激起了孩子的逆反心理，因此就更加一意孤行，不能轻易改变。

在这种情况下，妈妈要先冷静一下，试着调节一下心态来解决这个冲突。

像果果这种情况，就可以让她穿着夏天的衣服出去，一出门孩子就会感觉到冷，不用你说她自己就会要求换衣服。还可以把其他衣服装在孩子的书包里，早上送孩子的时候和老师打个招呼，如果孩子在幼儿园里感觉冷了，就让老师帮她穿上。直接对抗的结果必然是两败俱伤，必要时只能采用缓兵之计。

在平时合适的时机，如孩子在睡前要求讲故事的时候，你可以给他讲讲衣服的作用，除了美观之外，还有保暖和遮羞的功能，选择穿什么样的衣服，一定要与天气冷暖、所处的场合相符。和孩子讲清楚，父母可以在这样的原则下，允许孩子自由选择所穿的衣服。

另外，尽量少给孩子买衣服，免得大人孩子为穿哪件不穿哪件而犯愁，衣服过多，不仅浪费大量的金钱，也会因为选择哪件、搭配哪件衣服而拖延穿衣服的时间，最后还会引发大人和孩子的争执，何苦呢！

如果孩子对穿戴方面过于敏感，妈妈有必要与家人、亲近的朋友以及幼儿园的老师沟通，让他们减少对孩子外表的赞美，尽量避免用穿戴来作为表扬的依据，将关注点多放在孩子的行为方面，将孩子的注意力引导到学习和游戏中去。

至于孩子这样做会不会与"虚荣"挂上钩，这确实是个遥远的话题。俗话说：爱美之心，人皆有之。爱美和虚荣之间没有必然的因果联系，孩子爱美的方式与内容也因为个性的差异而相差很大。家长不能以成年人的眼光去评价孩子，尤其是类似"你真虚荣"这种负面的评价，一定要三缄其口，因为孩子这个时期的自我评价建立在他人的评价基础上并内化为自我评价，如果从小就让他们带着对自己的负面评价而走上人生的旅程的话，那么无疑会给孩子背上一个沉重的十字架，他们要付出艰辛的努力才能澄清自身，之后才能建立自我接纳。

专家妈妈贴心话

孩子在不合时宜的季节要穿夏天的衣服，有的妈妈可能在一气之下就让孩子穿了单衣出去，冻出感冒和病痛让孩子自尝恶果。给孩子选择的自由不意味着对孩子听之任之，放弃了给孩子树立规则和权威的权利。家长有义务在孩子没有能力正确选择的时候，帮助他做出有利的选择。如果出现上文中的情景，妈妈也可以这样做：挑选两套适合时令穿的衣服，拿到孩子跟前让他选，他只能选其中一件。如果他哪个都不选，就告诉他：妈妈不准备让你穿那件薄的，我们要穿这两件其中的一件。是否尊重孩子，关键还在于当家长提供帮助的时候，是否在尊重孩子的前提下和孩子对话

♥孩子嫉妒行为的心理诉求是渴望爱 ✳

当当妈晚上推着推车带着小儿子丁丁来接大儿子当当放学，结果幼儿园老师向她反映了一件事，今天图画课的时候，老师表扬了画得很好的雨点儿小朋友，并且奖给了雨点儿一朵小红花。结果在图画课快结束的时候，当当走到雨点儿的旁边，用自己的彩笔在雨点儿画好的画上乱画了几笔，将雨点儿的画弄得一团糟，雨点儿哭了起来。老师把当当叫到一边问他为什么这样做，当当说："我就不喜欢她画得比我好！"老师还提到当当在幼儿园不像过去那样活泼了，如果老师表扬了哪个小朋友，他连正眼都不看，做游戏的时候也不爱和这样的小朋友玩。

当当妈听了老师的话，不禁想起当当在家里也经常和弟弟比，并且也有这种嫉妒的情绪。前几天自己给丁丁买了一件衣服，当当看到了也要妈妈给自己买件新的，因为当当不缺衣服，妈妈就没有答应给他买，结果晚上的时候，妈妈看到丁丁的新衣服被剪了一个口子。

当当妈反思着自己在小儿子出生后对当当的忽视，意识到自己教育上出了问题。自从小儿子出生后，当当妈一门心思放在他的身上，而忽略了当当的感受。而每次两个儿子争执吵闹的时候，自己无一例外都是批评当当，要他有个哥哥的样子，要让着弟弟。如今当当在家里既不爱和妈妈说话也不愿意和弟弟玩了……

当当这样的表现，隐藏着明显的嫉妒信息。妈妈生了丁丁之后，变得不再像以前一样爱自己了，对自己很忽略。由于受到了忽视，让当当的心理处于紧张而敏感的状态，同时也会对剥夺爱的"对手"——弟弟产生敌对情绪。在幼儿园里的表现，也是家庭中情景的外化表现，当当故意损坏小朋友画作以期得到老师的关注与剪坏弟弟新衣服引起妈妈关注的心态如出一辙，这背后都深藏着一个渴望，那就是需要被爱。这种需要没有得到满足，孩子的性格就发生了扭曲，形成了嫉妒。

嫉妒如果蔓延与激化，孩子就很难处好同伴关系，很难在生活中心情舒畅，会平添莫名的烦恼与痛苦。嫉妒是人健康成长过程中的一个难缠的"魔鬼"，家长必须从小帮助孩子战胜这个"心魔"。

父母的行为和教养方式，家庭的情感氛围影响着幼儿的性格形成。妈妈是孩子幼时最依赖的对象，妈妈的举止在孩子那里最有说服力。如果像当当妈妈一样，凡事不分青红皂白先训斥大孩子一顿，凡事都要让大孩子做出忍让，而忘记了不论多大的孩子同样需要妈妈的爱和理解，更不要说当当只有四五岁。如果得不到家人的关爱，孩子就会处于悲伤、无奈、紧张、害怕的心理状态，整日生活在一种提心吊胆、痛苦无奈的压抑情绪中。压抑情绪遇到不开心的事情就很容易变成攻击行为。由于攻击行为的出现，又会造成孩子和伙伴之间的紧张，人际关系不和谐，孤独、不合群，继而使自卑和焦虑心理加重，最后形成了一个恶性循环。由此来说，给孩子充足的爱和安全感是避免孩子产生嫉妒之火的一个重要条件。

另外，无法拥有小伙伴拥有的东西，也很容易让孩子由羡慕转化为嫉妒，这也是让孩子产生嫉妒的一个原因。这其实也是很正常的事情，家长平时要和幼儿园老师多沟通，了解孩子产生嫉妒的直接原因，一般来说，3~6岁的孩子嫉妒表现很直接，不会藏得很深。可以根据他的嫉妒原因来引导孩子，从而化解他的嫉妒。嫉妒虽然是一种消极的情绪和行为，但当发生在小孩子身上时，引导得当，未必就没有积极作用，因为嫉妒可以帮助孩子认识到自己的优势和劣势，看到自己的短处和别人的长处，这也是见贤思齐的前提。

要平息孩子的嫉妒之火，避免孩子形成不良的性格，妈妈可以试着从以下几个方面入手来帮助那些嫉妒心过重的孩子：

1. 避免与其他的孩子进行比较

很多家长为了刺激孩子进步，习惯说："你看人家某某，画的画就比你好多了！""你看人家某某，就是乖，哪像你这么调皮！"家长这样刺激的结果很容易让孩子将敌对情绪针对那个受表扬的孩子，甚至不惜放弃和这个小伙伴的友谊来维护自己的自尊，而很难从提高自己的能力方面入手考虑问题。因此，家长这样的比较不仅不会促进孩子进步，反而会滋长孩子的嫉妒心理。

2. 不要否认孩子的感受

3～6岁的孩子在表达嫉妒时是非常直接的，如当当在将小朋友的画损坏时直接向老师表达的是："我就不喜欢她画得比我好！"这时候如果遭到老师或者家长的斥责："你怎么这样心胸狭隘！"或者有的家长这时候有可能就动手打孩子了，这样的结果使孩子的嫉妒之火非但没有扑灭，反而有助长的趋势。如果在当当表达嫉妒的时候，先去肯定他的情绪："她画得比你好，这让你很生气，是吧？"当孩子的情绪得到承认的时候，他的愤怒往往会减弱甚至消失，然后，再进行引导，更容易得到孩子的接受。孩子在嫉妒时实际上是心理痛苦和压抑的一种外化，他在痛苦无奈的压抑中需要宣泄，需要有人能倾听他的诉说，并理解他、体谅他。很多时候，妈妈微笑的眼神、轻松的语调能化解孩子的不良情绪，有效控制嫉妒心理。

3. 注意嫉妒背后的动机

有些孩子因为嫉妒故意搞一些破坏性的事情，这背后也许是令人意想不到的动机——那就是为了寻求关注。是的，受到批评同样也是一种关注，这也是很多喜欢调皮捣蛋的孩子的心理诉求。因此，在充分满足孩子爱的需求的情况下，应该尝试给予"受害者"更多的抚慰和鼓励，而"忽略"搞破坏的孩子——只给予他平静简约的批评。这样几次下来，因为得不到预期的"关注"，就会觉得没意思而可能放弃搞"破坏"了。

那些缺少自信的孩子更容易产生嫉妒心理，而缺少自信又有很大原因来自缺少关爱和由衷的赞美。因此，家长的爱、赞扬和理解是医治自卑、进而克服嫉妒的佳方良药。如果你关注孩子，并且对他每一点一滴的进步都给予由衷的肯定和赞美，无疑可大大增加他的自信和自尊，而一个充满自信和自尊的孩子往往会充满了安全感、满足感和快乐感，也就不会轻易去羡慕和嫉妒别人的物品或者成就。

♥孩子事事都要争强好胜，这是好还是坏

壮壮啥事都爱争强好胜，和爸爸妈妈玩游戏一定要他赢才行，否则就会闹，结果爸爸妈妈不得不故意输给壮壮来换取他的积极性。在幼儿园里，壮壮也必须要当主角，如果老师要是夸奖了别的小朋友而没有夸奖他，他就会很不乐意，要是给他两句批评，自尊心非常强的他就更难接受了。壮壮什么事情还特别喜欢和小朋友们比较，但大多则是以他的生气，甚至采取极端方式而告终。有时候他比不过别人，竟然会说出 "我有老姊你没有！"或者"我有牙洞你没有！"这样的话来，让大人哭笑不得。

像壮壮这样的孩子普遍的共性是自尊心非常强，内心却非常脆弱和敏感，什么事情只能做好，不能失败。也非常在意别人对他的肯定，是一个对自己要求完美的孩子。一旦感到自己落后于别人或受到批评，他的心里会非常难过。同时，由于他的反应强度较高，一旦受挫，他就会把不满情绪发泄出来，而不去顾及别人的感受。

孩子养成争强好胜的性格，是什么原因造成的呢？从家长的角度，应该对自己有所反思：

1. 过分赞扬孩子

有的父母总是夸奖自己的孩子聪明、漂亮和能干，这样让孩子没有认识到自己身上的不足，以为自己是完美的。

2. 用输讨好孩子

父母和孩子玩游戏，为了讨好孩子，总让孩子赢，结果孩子就不能接受自己可能会输的现实。

3. 拿孩子与其他孩子进行比较

父母经常拿自己的孩子和其他孩子做比较，无论是褒是贬，都会逐渐形成孩子性格敏感。

4. 对孩子期望过高

有的父母对孩子的期望值过高，结果让孩子心理压力过大，怕自己令父母失望，因此争强好胜，不能忍受失败。

5. 过分强调结果

家长本身在意做事情的结果而不是过程，孩子只有在"第一"时，才给予赞美和奖励，而如果不是"第一"，就对批评指责。

6. 本身的榜样作用

有的父母本人能力强或性格就很要强，平时在工作、生活中喜欢好胜、追求完美，给孩子耳濡目染的影响。

孩子争强好胜，不能说对或者错，也不能说是好还是坏，只能说有其积极和消极的方面。从积极的方面来说，好强、上进是好的，这是让孩子成长的动力。但好胜心过于强烈往往滋生自私、嫉妒心理，霸道，缺乏团结和团体精神，在今后的岁月里，容易被孤立，而最终好胜心也会遭受损伤。实际上，过于争强好胜是抗挫折能力弱的表现之一，3～6岁是孩子塑造性格的关键时期，因此，要对孩子争强好胜的积极面予以肯定，但对消极方面一定要合理地引导，最终让孩子不仅与人随和，内心也能更加强韧。下面有几点建议供家长参考：

1. 家长心态要平和

家长是孩子最好的榜样，不论升职还是失业，不论得到还是失去，家长如果都能保持一个良好的平和心态，对孩子来说就是最好的示范，孩子从中也能学习到这种宠辱不惊的品质。

2. 引导孩子去欣赏别人的长处

当孩子和小伙伴在一起时，有意识地引导孩子去欣赏别的孩子身上的优点和长处，让孩子懂得赞美别人，而不是只看到自己身上的长处和别人身上的缺点。

3. 享受过程而非结果

在和孩子做游戏时，不要总是故意输给孩子，要让孩子明白，重要的是享受游戏的快乐，而非争第一，任何事情，都是有赢有输的，赢得起更要输得起。

4. 让孩子与自己比较

平时言谈时不要把孩子和别人家的孩子进行比较，分出孰优孰劣，不要说"谁不如谁"，这样很容易让孩子对别人形成对抗心理，而应该让孩子和自己的过去做比较，夸奖孩子取得的新技能和新能力。对于其他孩子，要以经验借鉴的方式促使孩子进步。

5. 对孩子不要期望过高

不要给孩子过度的压力，更不要天天总是把"第一""最好"挂在嘴边上，让孩子在宽松的环境里成长。只要孩子尽力了，就要由衷地赞美他，对于孩子薄弱的环节，要给孩子创造环境使其进步而不是指责孩子。

6. 教会孩子面对失败

当孩子失败的时候，给孩子多讲讲失败者后来居上的故事，让孩子明白胜负并不是一成不变的，关键在于自己的努力。失败是成功的动力，并不可怕。

　　有些孩子的争强好胜会被家长所反感，所不能包容，原因在于我们讲究中庸之道的传统观念。在很多家长看来，只有沉着冷静、多思寡言才是好的，要和大多数人保持一致，既不逞强，也不示弱，这才是明智的处世之道。其实，恰当的"争强好胜"指的是不要让孩子外强中干，不要让孩子搞个人主义，而应该将争强好胜与合作精神、将个人的发展与团体的成功相结合。对那些争强好胜的孩子，家长更需要着重培养孩子的团队精神和合作意识。

♥ 消极避世VS激烈竞争

　　与那些争强好胜的孩子相反，有一类孩子什么事情都不喜欢和别人竞争，凡事都不爱出头，需要承担的时候，能躲避就躲避，能脱离就脱离，幼儿园不论搞体育比赛还是歌唱比赛，这样的孩子都不太喜欢参加。这种缺少竞争意识的孩子也同样令父母担忧，在如此竞争激烈的社会，从幼儿园到研究生，哪个年龄阶段都不轻松，就幼儿园的孩子来说，他们从小就要面临着竞争进入好学校，面临着要与自己的同学和伙伴参加数不清的各种竞赛，因此，往大了说，没有竞争意识是与这个时代的现状不合拍的。

　　对于那些不喜欢竞争、凡事喜欢退缩的孩子，家长在心态上往往存在着一对矛盾：如果强化竞争意识，孩子这么小就会活得很累，如何去体会成长的快乐？但是如果淡化竞争意识，孩子将来如何在这样的社会中生存？

那么，有没有什么可行的方法，或者一个合理的"度"能让孩子通过自己的努力在竞争中获得成功，同时又能轻松生活，不必为自己非要"第一"而焦虑呢？这或许需要家长从自身来先反思：

1. 不要把自己的人生强加在孩子身上

有些父母对孩子的要求很严格，动辄打骂，只为孩子能为自己争气，弥补自己人生的缺憾或者能比自己这一代更加青出于蓝，总之潜意识中是充满功利心，如果孩子写个作业没有得到小红花，他们就很不开心甚至大发雷霆。对自己人生越无奈、越遗憾，对失败越恐惧的父母，往往就越急功近利。这样的父母，强烈地"期望"着孩子，却没有真正帮助孩子，如果孩子做得不如别人好，就意味着指责和惩罚（帮助孩子的家长会让孩子从失败中寻找原因和激发孩子迈向成功的动力）。在这样的教育下，孩子自然从幼儿园阶段就很难产生积极的竞争意识，还会因父母强加在自己身上的重负而降低了竞争的动力。

2. 端正自己的竞争心态

有些家长会为孩子表现出来的"争强好胜"而感到焦虑，不喜欢孩子"出风头"，要求孩子随"大溜""明哲保身"，时刻告诫孩子"木秀于林，风必摧之"，从而孩子慢慢变得不喜欢竞争。因此，要想让孩子有个正确的竞争意识，家长首先要端正良好的心态，要让孩子明白竞争是展示自身实力的机会，是一件富有刺激的、让人紧张也让人兴奋的事情。固然胜利值得欢呼，失败让人无奈，但最值得回味的还是那中间磨人的过程，任何一个困难的克服，任何一次对自己的控制，任何一次费尽心机的计划，都是自己宝贵的成长，重要的不是结果而是这个过程。

3. 培养和发展孩子的个性

孩子的个性与竞争力是紧密相连的，个性鲜明的孩子，在竞争中能更为理性和积极。因此，家长需要在了解孩子的基础上，尊重孩子的性格特点，去发展孩子的兴趣特长，当孩子明白自己的耐性更强就会在竞争耐力的竞赛中容易胜出。有了鲜明的个性以及自我意识之后，对自己的认识更为清晰。在这样的前提下，孩子在投入竞争的时候就会更加有优势，因为他至少做到了"知己"，而"知己知彼"才能"百战不殆"。

4. 正确对待孩子的竞争结果

如果你想让孩子以放松的心情进入竞争状态，父母首先不要给孩子过多的压力。如果对孩子奖励胜利而惩罚失败，或者刚取得成功马上就给孩子树立新的目标，就会让孩子享受不了竞争带来的快乐而厌倦竞争。另外，不要给孩子树立他自己确定不能达到的目标，这样只能让他糊弄家长和自己。在孩子失败的时候，我们应该表现出我们对孩子的理解和同情而非惩罚和讽刺，在孩子能平心静气地面对这件事时，再和孩子一起讨论失败的原因是什么，差距在哪里，下一次遇到相似的情况时，可以吸取的教训是什么。

5. 帮助孩子学习竞争

3~6岁的孩子有的已经参加兴趣班，可以根据孩子的意愿，尽量帮助孩子制造一些竞争的机会，通过充足的准备，培养孩子对于竞争的渴望和兴奋；通过反复的练习，增强孩子对压力的承受能力，以及意志的顽强、策略的灵活。有时候也可以引导孩子在独自一个人做事时，在头脑中假想一个竞争对手，以提高自己的效率。

专家妈妈贴心话

"竞赛"这个单词本意是"共同努力"的意思。群体合作才是人类得以发展的根本，而并不是非要你死我活的竞争。有些家长却将成功理解得很片面，简单地把成功定义为"赢"和"第一"，因此，这样教育下的孩子只有在赢得了"第一"之后，才能从父母的肯定中获得自我价值感，但对于那些自己没有把握的事情，都会退缩，而不敢参与竞争。因此，只有父母了解了竞争的真正意义并且做到无论孩子输赢都能无条件地接纳孩子，孩子才能从根本上战胜失败带来的恐惧，从而增强积极的竞争意识。

第三章

3~6岁，性教育的最佳期

当你的女儿问你为什么她没有小鸡鸡时，你是如何回答的呢？

如果不小心让孩子碰到了你们夫妻做爱的场面，你又是如何应对的呢？

如果你看到孩子正在和其他小朋友玩"性游戏"你又会有怎样的表情呢？

……

当宝宝在3岁时开始上了幼儿园之后，就会对男孩子站着小便、而女孩子蹲着小便产生好奇和疑问，并且也会注意到男孩女孩生殖器官的不同。这时候，孩子的众多关于性的疑问就会开始了，作为妈妈，你是否做好了应答的准备呢？

性教育的关键时期在幼儿期，也就是当孩子3~6岁的时候。在这个年龄阶段，孩子正处于性朦胧期，他们已经开始探索性问题，对于孩子的性教育这个时候开始进行启蒙，会很容易实施，将来避免面对困窘情况也就越少。但如果错过了这个性教育的最佳期，在孩子对身体有了隐私感时再谈这个问题，一方面孩子不会像幼儿期这样直率而单纯地发问，另一方面父母也会感觉不太自在。因此，在孩子对性还没有社会意识和文化意识的时候开始自然的性教育无疑是明智之举。

有些家长认为当孩子进入青春期再进行性教育不晚，可是现在孩子越来越早熟的社会现实和不断出现的少女堕胎现象来看，到青春期再进行性教育明显已经来不及了。如果孩子们的性知识没有出自父母或者老师的系统健康的教育，他们也会慢慢通过网络、杂志等渠道获得，而这些媒介存在的隐讳信息很容易误导孩子，从而埋下不良的隐患。

对于性，有些家长是难以启齿的，有的甚至认为这是"下流"的，更不要说回答孩子的性疑问或者与孩子讨论相关问题了。即使觉得有性教育的必要，自己也能躲就躲，把责任推给学校和老师了。但是，家长是孩子最好的启蒙老师，孩子通常在有问题的时候都会向父母询问，如果父母能在孩子有性意识、性疑问时，就给予孩子正确的教育，那么孩子就能较容易形成健康的性态度和性取向。但是如果父母在这个阶段教育不当，极易使孩子的性心理发展受到挫折，甚至影响孩子的一生。有资料表明，患性变态的病人中，有88%的人在幼儿时期遭受过性困扰和折磨。因此，可以说，幼年时期的性教育不仅关系到孩子身心的健康成长，也关系到家庭和社会的稳定。

♥进行性教育的时候一定要大方自然

刚上幼儿园的小孩子们如厕的时候不会很避讳，小朋友们就会发现男孩女孩不仅在小便的时候姿势有很大差别，而且器官也很不相同，进而就会对不同的生殖器官发生兴趣，一般会问到"为什么东东长小鸡鸡，我怎么没有呢?"类似的问题。当你终于能应付过去，孩子的下一个更为具体的问题又来了:"妈妈，我是从你身体的哪里出来的?"当问到这个问题的时候，那些自然分娩的妈妈很多都很难招架，更让人难堪的是，夫妻俩亲热的时候不小心被孩子撞见，孩子睁着迷茫的大眼睛问:"你们在做什么?"这时候我们该怎么应对呢?

孩子对性方面的问题越发好奇，有的父母越加手足无措，很多的家长采取如下错误的方式:

1. 含糊敷衍

当孩子对自己的身体以及别人的身体发生兴趣，向爸爸妈妈提问时，有些家长不会正面回答，而会敷衍着说:"没什么可好奇的，都这样。"这样的回答没有让孩子的好奇心和学习的愿望得到满足，孩子依然会心存疑问。

2. 粗暴打断

当孩子问到与性有关系的问题时，有的家长不等孩子说完，就会很生气地打断孩子的话:"小孩子研究点什么不好，研究这个! 上别的地方玩去!"或者"别问我这个!"甚至有的家长会羞辱孩子:"这么点儿的孩子就问这个，羞不羞呀!"这样的家长本身就认为性是"下流"的事情，在这样的"引导"下，孩子从小就会对性产生羞耻心，对性知识的探求受到压抑，因为感觉神秘反而更加好奇，这样很容易损害孩子性心理的发展，还可能做出一些"偷窥"等不良的行为。

3. 认为孩子能"自学成才"

有的家长面对孩子的性提问，常说的一句话是:"你现在不懂，长大了就自然明白了。"似乎孩子能不通过任何手段就能在性知识方面自学成才。实际上，任何知识都是需要学习才能获得的，有很多上当受骗的女孩子就是因为不懂必要的性知识而受到坏人的欺骗。有的孩子即使上了大学对性知识还是一无所知，甚至认为与异性接吻就可能怀孕，这样的"性文盲"不懂得保护自己的身体，反而会更容易让自己受到伤害。

4. 错误解释

有的家长本身就没有多少性知识，或者对性知识懂得一知半解，这样他们根本无法科学地给孩子进行性教育，还有的家长故意说错，如面对孩子 "我是从哪里来的?" 的这样的提问，有的家长会说："你呀，从垃圾桶里捡来的!" 孩子信以为真，内心会产生深深的自卑情绪，甚至渴望着有一天能找到自己真正的父母。这对孩子的身心发育是非常不利的。

对于性教育，最忌讳的就是父母慌慌张张、遮遮掩掩的神态和表情，对孩子的拒绝会令孩子更加困惑和焦虑。其实对于3~6岁的孩子来说，性就是性，还没有社会和文化的色彩，是最纯最简单的。面对孩子，我们不妨简单起来，回归自然，给孩子真实的答案。对于性教育，父母需要把持的最佳态度就是自自然然、大大方方，因为性知识与其他一切自然科学知识一样，都是客观存在的普遍事物。

如果女儿对妈妈的乳房和阴毛感到奇怪，问妈妈为什么她没有，这时候你大可不必惊慌，因为在孩子的眼中，乳房、阴毛和身体其他部分的器官一样，只是身体的一部分而已，这和"难为情"是靠不上边的，因此孩子可能会自然地发问。但如果妈妈面露尴尬、紧张或者恼怒的情绪，孩子就会认为这些部位是"不好"的，也会对自己的身体相关部位感到羞愧。这些不当的性教育都会给孩子带来负面影响。

面对女儿这样的提问，妈妈就可以平静坦然地告诉她："每个女人到了十多岁的时候，乳房都会鼓起来，进行发育，也会长这种毛毛的。等你长大了，也会长出来的。"

对于妈妈的月经问题，也可以自然地告诉孩子："女人到了十多岁的时候，每月都会流出一些血，但是一点儿也不疼，这些都是身体不需要的血，流出来才能保证身体健康。"

对于3~6岁的孩子进行性教育，还要注意其年龄特征，这个时期的孩子理解能力有限，因此，不要给孩子讲太多的知识，以免造成孩子的困惑。把握的原则就是孩子问什么，妈妈就如实回答什么，而且回答的内容要让孩子能听得懂，至于你是否继续往下讲，决定于孩子是否继续往下问，这是对于3~6岁的孩子进行性教育的最佳尺度。如果你给6岁前的孩子大讲剖腹产以及精子与卵子是如何结合的，可能会让孩子很难理解。因此，对孩子进行解释和教育时，一定要以能让孩子听得懂为前提。将来随着孩子逐渐长大，再慢慢给孩子进行深一层面的性教育。

专家妈妈贴心话

　　为了更好地对孩子进行性教育，我们不妨给他买一个带生殖器的玩具，或者找到相关的人体挂图，在教他认识人体的各个器官的时候，顺便将生殖器官指认给他，让他从小就觉得这个器官和其他器官没有什么区别，以打消其神秘感。如果孩子对父母的身体产生兴趣，也可以在孩子小的时候坦然地袒露自己的身体，打消孩子对人体的好奇，让孩子自然地发现男女身体的区别。如果一个孩子对成年人裸体的好奇心从来没有被满足过，就有可能为成年后的性变态和性犯罪留下了空间，如偷窥厕所和浴室里人的身体。一般当孩子到了6岁之后，自己会对自己的身体产生隐私感，这时候大人也不适合在孩子面前袒露自己的身体了，而且异性父母应该在如厕、洗澡以及换衣服时关好门，回避孩子。

♥科学真实地面对"尴尬"的提问 ✳

　　"妈妈，我从哪里来？""为什么妈妈能生宝宝，而爸爸不能呢？"

这样的提问是很多孩子经常问到的问题，既然我们掌握了回答孩子性提问的大方、自然的原则，那么我们该如何讲给孩子听，并且让孩子还能理解和接受呢？

其实，这些令爸爸妈妈们头疼的棘手问题并不难回答。但是如果你纯粹给孩子灌输科学的解释，如人类的繁殖，孩子可不一定能理解，也并不一定会很专注倾听，所以需要家长们动脑筋想点巧妙的办法。或者直截了当一句话告诉孩子怎么回事，比如"你是从妈妈产道里生出来的"，如果孩子逼问你产道在哪里，你可以画一幅图画给他看。如果孩子还希望得到更为详细的解释，你就告诉他："爸爸给妈妈种了一颗种子，后来这个种子慢慢变大，长出了脑袋、眼睛、鼻子、嘴巴、胳膊和腿，最后就变成了你，后来妈妈的肚子装不下你了，你就出来了。"这样基于一定的科学事实又富有童话味道的答案更容易被孩子接受。为了开阔孩子的视野，进一步巩固孩子的性知识，有条件的话也可以带孩子去自然博物馆去观看人体的展览，这样的环境更适合为孩子生动地讲解性方面的有关知识。

借由孩子关于生命的提问，我们不仅可以给孩子做性方面的教育，还可以带给孩子很多层面的教育。

平时可以带孩子接触一些怀孕的阿姨，让孩子轻轻地摸摸孕妇的肚子，告诉他阿姨肚子里有小宝宝，而他小时候就这样生活在妈妈的肚子里；后来，妈妈经过怎么样的痛苦生出了孩子；在孩子出生后，妈妈又是如何照顾小宝宝，是多么的辛苦。孩子只有懂得了这个道理，明白了妈妈对他的爱，才能从心底去体谅妈妈、去爱妈妈。这样，从自己是怎么来的，就可以升华到感恩自己的父母，孩子才能理解生命是如此艰难地成长，从而珍惜自己的生命。

除了可以给孩子买带生殖器的玩具来认识性器官外，还可以给孩子购买一些早期性教育的图书和光盘，这些适合3~6岁的孩子阅读和观看的"教材"会很形象生动地讲述和展现生命的孕育、发展过程以及男人和女人的不同等。如果家长陪着孩子一边观看一边和孩子讨论，相信孩子一定会对生命更感兴趣。而当孩子懂得了生命的由来，他的思维也会变得深刻，这不仅是一堂性教育课程，也是对父母的感恩教育课程，更是一堂生动的生命教育课程。

除了提问"我从哪里来"这样的问题，"为什么男孩有小鸡鸡而女孩没有？""为什么男孩站着尿尿而女孩要蹲着尿尿"这些提问也是上幼儿园的小朋友们经常向父母问到的问题。

面对这样的提问，家长可以耐心地给孩子讲解男孩女孩生殖器官以及胸部等部位的不同，告诉他们，他们没有的，并不是缺陷，而是各自的特点不同。对于那些对站着尿尿感兴趣的女孩，也可以让她们尝试下站着尿尿需要面对的结果，当她们发现这样尿会弄湿自己的裤子和大腿，她们就会深刻地认识到还是蹲着小便比较"聪明"。

由于我们文化传统的影响，很多父母很回避和孩子谈性这个问题，或者如前面所谈到的用一些错误的方式来对待孩子对性的好奇，不是欺骗就是嘲笑，或者是打压孩子这方面的探索。这不仅减少了孩子对父母的尊重和信任，打击了孩子渴求知识的热情，孩子还会对性产生一种神秘感，反而刺激他们对这方面的兴趣。

家长正确的做法应该是：绝不回避，绝不说谎话。你的回答最好是简略的、形象性的、孩子能接受的。

对于3～6岁的孩子，家长不必主动去问，主动去讲，这样做反而可能会凸显出性问题与其他问题的不同地位，重要的是要让孩子感觉到，性问题与其他自然科学问题是一样的，你是很愿意回答他的问题，这是个很自然的话题，你们是可以一起平静讨论的。

性教育的话题，不要给孩子讲得太多，也不要说得太早，有问必答，而且要真实科学，以孩子能听明白为主。

当孩子问到与性有关的问题时，家长是不可以欺骗孩子的，但是如何说真话呢？你可以直截了当告诉他，如当孩子问男人的生殖器是不是叫小鸡鸡时，你可以告诉他："那只是它的小名，它的大名叫阴茎。"还可以用委婉的方式，你可以从动物植物的性与生殖谈起，最后再将话题转移到人的上面，让孩子明白性与生殖方面的问题，是整个自然界的普遍现象，没什么值得大惊小怪的。

♥教孩子性知识时应该把握尺度 ✳

对孩子进行性教育的内容不仅包括回答孩子的一些问题，有些必要的知识也需要经由家长的教导让孩子明白，当孩子意识到自己性别的特征，理解了男女的不同，学会尊重自己和对方的身体，这样孩子就会从心底获得充实感和安定感，不必再为这些问题所困扰了。

那么，对于3~6岁孩子的性教育，说到什么程度合适，都应该说哪些内容，这个界限如何把握呢？

妈妈应该给孩子讲生殖结构的特点，以便让孩子养成卫生的好习惯。例如：当孩子上了幼儿园大班后，一般开始学习自己擦屁股了，但是要注意女孩子擦屁股的方式就应该从前往后擦，而绝不能方向相反，否则会引起性器官的炎症，长大以后，妇科疾病还会增多。妈妈还要经常帮助女儿清洗下身，以避免病菌的感染。对于那些淘气的男孩子来说，要禁止他们用刚玩过玩具的手去摸小鸡鸡，以免伤害这个"最重要的地方"，这些都是生殖健康的基础。与生殖健康方面相关的问题还有内衣的清洁以及不能穿太紧的裤子以防止影响发育和容易滋生细菌等。这些知识,早一点讲给孩子,就会为他们将来的幸福生活多一份保障。

妈妈还有必要告诉孩子生殖器的学名叫什么,慢慢纠正孩子对生殖器不正确的称呼,在谈论它们的时候要和谈论身体其他部分一样自然而然。在洗澡的时候,就可以对孩子进行适当的性教育,如给儿子洗澡的时候,你就可以说:"给我看看你的胳膊、头、鼻子、阴茎和肚子在哪里。"并且要告诉他们隐私的概念,即不能针对一个人去说这个人的生殖器如何如何,这是侵犯别人隐私的事情,同样还要保护自己的生殖器隐私。要让孩子从小就养成自我保护意识,预防性侵害。对于女儿,要告诉她不管是在更换衣服还是其他时候,自己的胸部及隐私处是不能随便给别人看的,不允许外人特别是男性的触摸,若是别人碰触时要坚决拒绝。若是没有办法应对时,应大声寻求帮助,及时告诉家长或者幼儿园的老师。家长也要告诫儿子,不能触摸女生的胸部及其隐私处。如果出现类似事件,家长要正确地引导与教育孩子。

有的孩子可能在幼年期就表现出一些不良的行为,如对异性上厕所有兴趣,喜欢偷看成人洗澡、换衣服,还有的小朋友喜欢脱同伴衣服等。对于孩子的这些行为,如果父母发现了,应马上制止,并告诉孩子这样做是不礼貌的。同时,父母也要注意自己在家中的言行和隐私,让孩子形成良好的行为习惯。

平时在家里看电视的时候,经常会有一些男女亲昵的镜头,如拥抱、接吻等,每当看到这样的镜头,很多家长都很紧张,有的干脆换个频道。有些孩子意识到父母的尴尬,明白这些镜头"儿童不宜",便自己主动自觉地捂上眼睛,但是,你可能会猜到,他一定会从手指缝里偷看的。父母的"此地无银三百两"的紧张强化了孩子对这样镜头的好奇和关注,同时会觉得男女亲昵是件不好的事情,是羞耻的事情。实际上,电视中的情爱与情色影片不同,它所突出表现的是人类的情感、道德和人文，而父母的紧张会让孩子误解了本来美好的爱情，以为肌肤之亲是可耻的事情，这样会对孩子未来的情感发展造成障碍。如今，电视是最广泛的传播媒体，这样的镜头即便想让孩子躲开也是难以躲过的，因此，当遇到这样的情况时，我们不妨告诉孩子：当男人和女人之间产生了爱情，他们就需要通过身体的接触来表达这种情感，比如接吻、拥抱、身体亲密接触等，这样他们就会感到很幸福。这样的引导让孩子意识到爱情是人类最美好的感情之一，也能让孩子对父母之间的亲密有初步的理解和认识。

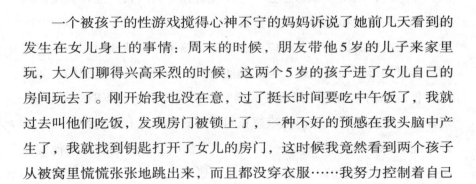

专家妈妈贴心话

对于男孩子来说，告诉他正确清洗包皮也是有必要的。当然，这个还需要妈妈请爸爸来做亲身指导最为合适。但是，一定要告诉孩子为什么要这样做，这样做的原理是什么。当孩子明白了这个道理，就会从心里愿意养成爱护自己的清洁习惯。

♥家长千万别将"性游戏"事件升级

一个被孩子的性游戏搅得心神不宁的妈妈诉说了她前几天看到的发生在女儿身上的事情：周末的时候，朋友带他5岁的儿子来家里玩，大人们聊得兴高采烈的时候，这两个5岁的孩子进了女儿自己的房间玩去了。刚开始我也没在意，过了挺长时间要吃中午饭了，我就过去叫他们吃饭，发现房门被锁上了，一种不好的预感在我头脑中产生了，我就找到钥匙打开了女儿的房门，这时候我竟然看到两个孩子从被窝里慌慌张张地跳出来，而且都没穿衣服……我努力控制着自己的情绪，一时间不知道该说什么好，真是尴尬极了！

其实，3~6岁孩子很多都玩过性游戏，性游戏对孩子的性心理成长有着重要的作用。它是孩子认识两性器官构造、性别自认的主要活动。这里所强调的是，他们玩的只是"游戏"而已，并没有成年人想象得那么"复杂"。

这个阶段的孩子很喜欢玩"过家家"的游戏，女孩扮演妈妈，男孩扮演爸爸，玩到兴头上，他们还可能会拥抱、亲吻、抚摸。对于这样的情况，父母看到了大多会一笑了之，不会过分地关注。当然，如果他们这些亲昵动作做得时间太长，家长就应该给予必要的干预了。

比"过家家"更为升级的是"医生检查身体"的游戏，即互相检查生殖器来满足好奇心。还有的孩子因为看到了父母做爱的样子，就和小朋友模仿这样的姿势，如果这种情况被父母发现，有些人会难以控制地产生过激的反应，有的甚至打骂孩子，羞辱孩子。

实际上，3~6岁的孩子通过这样的游戏，只是在了解和模仿成年人的社会。虽然孩子的有些行为在我们成年人看来是不符合成年人的道德标准，但对于儿童来说，特别是对于性发育中的幼儿来说，这是他们自然的表现，这种表现是不带色情意味的，主要是出于好奇和求知的心理。而基于这样心理的性游戏不会给儿童带来心理伤害的，反倒是父母粗暴的打骂会给孩子的心理留下永久的阴影，让他们从小就对性活动以及性器官产生了巨大的羞辱和恐惧，认为这一切都是下流的、罪恶的，内疚和罪恶感会一直伴随着孩子的成长，这将直接影响到孩子未来爱情和婚姻的幸福指数。

遇到这样的情况，父母应温和地告知孩子，虽然他对别的小朋友的身体很好奇，很感兴趣，但是随便看别人的身体是不礼貌的。父母还要告诉他们生殖器是很重要的器官，要保持干净，不能让人抚摸、玩弄。让他们学会在性游戏里避免对性器官的损伤和避免性侵犯。千万不能大惊小怪，责备孩子"下流""耍流氓"等，这容易给他们心里留下"性是丑恶的、肮脏的"阴影，影响他们的性心理健康发展。

如果孩子在玩性游戏的时候受到了伤害，如出现了男孩将女孩的阴部弄破出血的情况，双方父母更应该保持冷静，控制自己的情绪，以保护孩子的自尊为第一考虑因素。应该理解这个阶段的孩子玩性游戏只是出于好奇和模仿，本身并没有恶意。不要将性游戏升级为性侵害。比较合适的做法是先带女孩到医院做必要的检查，安慰女儿男孩不是故意的，消除女儿的紧张情绪。并且对女儿进行自我保护的教育，告诉女儿自己的隐私部位是绝对不能让别人碰的，让女儿从此学会保护自己。男孩的家长也不应该责骂自己的儿子，就像处理其他做错的事情一样，同时，也应该加强孩子对别人身体尊重的教育。男孩的家长还应该向女孩家长道歉，并主动承担医药费用。

当然，在玩性游戏的时候，也不一定就是男孩伤害女孩，也有女孩伤害男孩的时候，这种情况同样应该低调处理，否则父母只知道发泄自己的情绪，将无辜的孩子推到"性伤害"的角色中去，将可能会带给孩子终身的心理伤害。

专家妈妈贴心话

父母做爱不回避孩子，或者让小孩子过早观看色情片，无疑会让孩子对性产生强烈的好奇心和模仿渴望，这些对孩子来说都是一种隐性的性伤害。这会让孩子过早地关注两性活动，而这种关注已经超越了这个年龄阶段的孩子所探索的范围，这类孩子进入青春期后，可能更早地进行性活动，与异性发生性关系。因此，作为父母，首先要在家庭里做到对孩子的保护，在了解孩子性心理发展规律的基础上，有效地引导孩子，而不要让自己的行为伤害到孩子稚嫩的心灵。

♥当孩子不小心撞见父母做爱

有些家庭因为没有条件让孩子独处一室，有的即便是有这样的条件，也会不小心在孩子的成长过程中被孩子撞到了夫妻两个正在做爱的尴尬场面，面对孩子无知、困惑又害怕惊恐的眼睛，我们该怎么做才合适呢？

一个妈妈述说了被儿子"撞见"的尴尬往事：那天，我和老公正在兴头上，卧室门关着，激动的时候也就没有锁门，儿子走过来的脚步声也没有听到，结果孩子扭开门的刹那，我们俩意识到坏事了，赶紧分开，但已来不及了，赶忙拿被子遮掩自己的身子，儿子一边进来一边对我说："我自己一个人害怕了，来找你们睡觉。"之后又问："爸爸妈妈，你们不穿衣服在干什么呢？""哦，我们感觉有点热了，就脱掉了，你以前热的时候不也脱吗？"儿子不再继续问下去，但明显不太满意这个回答。过了一会儿，他又问我："妈妈，刚才你们在干什么呢？""哦，我们在玩摔跤游戏。"我红着脸回答他。虽然这样敷衍过去了，但是以后儿子经常在半夜突然来到我们卧室（有时候卧室锁门有时候不锁门）来搞袭击，总想知道我们到底在干什么，后来我们不得不每晚都将卧室门锁上。

这个家庭虽然给儿子单独安排了一个房间，依然免不了被孩子撞到这个场景，更不要说那些与孩子共处一个卧室的家庭了。对于经济水平稍差的家庭来说，这个问题是带有普遍性的。

作为父母，当然不希望被孩子看到这种场面，但是孩子不小心看到了这个情景，对孩子会发生什么样的影响呢？

对于3~6岁的小孩子来说，他们一般会认为父亲在对母亲施暴，有些孩子会被父母做爱的场景吓得哇哇大哭，并产生厌恶父母的心理感受。

一个女大学生依然被6岁时撞见父母做爱的场面所困扰，这成为她内心深处挥之不去的阴影，她当时的直接感受是很震惊，之后就很鄙视父母，大了一些后觉得那是很下流的事情，与异性交往也受到了阻碍。她对父母一直心怀怨恨，恨他们为什么让她看到了这样的事情。

孩子看到父母做爱的情景还会诱发他们对成年人性活动的关注，就如同上面提到的男孩一样，他带有疑惑和好奇，想搞明白大人们到底在搞些什么名堂，甚至他们会在幼儿园里和小朋友讨论他所看到的情况，有的还会在与其他孩子玩耍时玩模仿成年人来玩性游戏。如果孩子频频看到父母的性活动，感受到性刺激带来的兴奋，也可能会让孩子过早就学会手淫。这些不适合孩子年龄发展的性探索，会破坏孩子性心理的正常发育，导致孩子在没有发展好控制性冲动的精神力量的时候性早熟，这将会给孩子的健康成长埋下隐患。

因此，父母在做爱的时候要尽量回避孩子，哪怕是一个刚出生不久的婴儿，这是养育孩子的一个基本常识。如果孩子太小或者条件不允许而只能在同一卧室就寝，尽量要避开孩子——不论孩子多大，这是对自己的一种尊重，更是对孩子的一种保护。

有的父母觉得床上的孩子睡着了，看不到也听不到，或者"他还小，能懂什么！"这种所谓的"回避"只是成年人自己的想法而已，做爱的时候动作过大或者声音过高都可能随时吵醒孩子，孩子在朦朦胧胧中看到的、听到的一切都会记在脑海里，在清醒的时候会慢慢思考和回味。

因此，最好的回避是让孩子早早就独立就寝，本书中"宝宝分房睡觉所带来的种种烦恼"小节，专门对孩子分床睡觉这个问题进行了分析和讨论，也有相关的建议可以给妈妈们参考。

但是，万一孩子撞见父母做爱的境况，应该怎样做才对孩子更合适呢？

1. 保持坦然和冷静的态度

在彼此都经历了几秒钟的震惊过后，你一定要保持从容镇定的态度，千万不要慌乱。对于3～6岁的孩子来说，使他敏感的或许不是父母做的这个事情，而是父母对这个事情的态度，如果父母被撞见后的表现过激或者极为羞涩、尴尬，或者大声训斥孩子，这将会给孩子造成更大的困惑，使孩子很窘困。

2. 实事求是回答孩子的提问

当孩子开始问到："你们在干什么？"这时不要敷衍孩子，可以轻松地告诉他这是父母表示爱的一种方式，你们两个人都很喜欢做这个游戏，不过这是结婚后的人才可以做的游戏。如果孩子问是不是爸爸在欺负妈妈，妈妈可以解释这不是欺负，妈妈也很喜欢这样做，这样做很快乐。要让孩子知道，看起来似乎两个人在打架，其实这是一种很美好的感觉。

在平时的教育上，也要让孩子学会尊重父母的私有空间，不经过允许不可以进父母的房间，保护自己的私生活不受孩子的干扰。当然，这种尊重也是相互的，平时也应该得到孩子的允许之后才能进孩子的房间。

专家妈妈贴心话

要让孩子从小就有一个意识，那就是，父母需要有单独在一起的时间和空间，这有助于父母感情的培养，孩子必须尊重这一点。有些家长自愿将孩子奉为一家之主，事事以他为中心，孩子不愿意就放弃让他一个人睡觉的尝试，从而成为夫妻两个人性活动的障碍，影响了夫妻两人情感的交流，这是舍本逐末的做法。父母之间的情感稳固，才是家庭中孩子幸福最根本的保障，三个人才能有和谐而舒适的关系，因此，需要让孩子学会尊重父母的情感空间，从长远来说才是对孩子自身更有益处的。

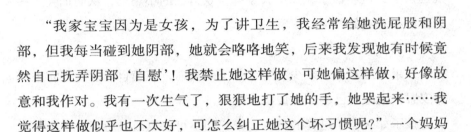

♥ 看到宝宝"自慰"，妈妈不要惊慌 ✳

"我家宝宝因为是女孩，为了讲卫生，我经常给她洗屁股和阴部，但我每当碰到她阴部，她就会咯咯地笑，后来我发现她有时候竟然自己抚弄阴部'自慰'！我禁止她这样做，可她偏这样做，好像故意和我作对。我有一次生气了，狠狠地打了她的手，她哭起来……我觉得这样做似乎也不太好，可怎么纠正她这个坏习惯呢？"一个妈妈在育儿网上发了帖子寻求大家的帮助。

结果很多妈妈都跟帖表示自己的孩子也有这样情况。布布妈妈说她的儿子也经常拽自己的小鸡鸡，看得自己很头疼。另外一个叫"家有小女"的妈妈也说自己的女儿睡觉前老喜欢趴在什么东西上蹭自己的阴部，吓唬和打骂都不管用，孩子这么小就做这么"下流"的动作，真不知道该怎么办才好。

3～6岁的孩子有用手玩弄、摩擦自己外生殖器的习惯动作，请妈妈不要惊慌，切勿扣上"羞耻"以及"下流"的帽子，更不必兴师动众地去寻找"治疗"的途径。在孩子成长的各个阶段，3～6岁是发生这种行为较多的时期。那么，孩子为什么会产生这样的行为呢？

1. 自我探索

孩子在很小的时候，就开始了自我身体的探索，这是他们认识自己身体必不可少的尝试。当他们发现触摸私处能带来很大的快乐时，他们当然就会长久地这样做来娱乐自己。

2. 炎症所致

有很多孩子产生这样的行为可能是由于阴部不舒服造成的。大多女孩因外阴部湿疹或炎症，男孩因包茎引起包皮炎，或蛲虫病，感到发痒而摩擦，这时抓痒的性质就如同抓面颊或耳朵一样，是正常的。但是，久而久之可能发展成为习惯性动作。

3. 挑逗所致

有些男孩子的家庭还存在着"重男轻女"的思想，孩子很小的时候，父母恨不得到处炫耀孩子的小鸡鸡，有的亲戚还"揪个蛋吃"来挑逗孩子，慢慢孩子就知道大家都喜欢自己的小鸡鸡，从而加强了孩子爱揪小鸡鸡的习惯。

4. 缺少关爱

如果家庭对孩子缺少关爱，孩子就会通过抚摸自己的性器官来获得安慰，消除自己的不良情绪。

孩子如果有了这样的行为，家长切不可责骂或者惩罚，否则他们对这种行为会产生羞耻感，影响孩子性心理的成长和发育。那么该如何让孩子逐渐消除这个习惯呢？

首先应该确定的一点是，孩子抚摸私处，是没有任何情色色彩的。

如果是孩子探索自己的身体，那是一种好奇心和求知欲的表现，而不是什么"羞耻""下流"的行为。

平时注意给孩子穿宽松的衣服，减少局部刺激。也要注意观察孩子的阴部有没有发炎的迹象，注意蛲虫寄生或者蚊虫叮咬或细菌感染引起瘙痒，要注意保持生殖器部位的清洁。

尽量不要让孩子一个人过早地上床，最好让孩子上床就睡着，孩子在睡觉时要注意孩子的神态是否正常，早晨睡醒应尽快叫孩子起床，不给他赖床的机会。

注意孩子的睡眠姿态，入睡时不要让孩子把手夹在双腿之间，不要俯卧等。

不要开孩子生殖器官的玩笑，那是不尊重孩子的表现，面对亲戚朋友对孩子生殖器官的挑逗，要严肃地制止或者带孩子走开。

在心理上，也要给孩子足够的关爱，多陪伴他做些游戏，或者引导他画画看书，将注意力从生殖器上移开。

如果孩子在公共场所有"自慰"的行为，会让父母很尴尬，也会让其他人感到不舒服。这时候家长更应该控制好自己的情绪，最好平静地告诉孩子，这是你的秘密，与"隐私部位"有关的行为都应该在一个人独处的时候进行，不应该让别人知道，否则其他人看到了会感觉不舒服，孩子这个时候一般都会停止这个行为。

专家妈妈贴心话

当看到孩子在抚摸生殖器的时候，父母不要立即表示反对，更不应该责备孩子或者粗暴地去打孩子的手，这样会让孩子对生殖器官产生羞耻感，不利于他对自我的接纳。只要对孩子说："生殖器是很重要的器官，用手摸会把细菌带到上面去。"之后转移他的注意力做别的事情就可以了。

♥"伪娘"有可能是被家庭教养出来的

有的男人本来是"纯爷们"，但是长大后却娇滴滴、柔嫩嫩的像个大姑娘，被社会上的好事者称为"伪娘"，有的"伪娘"在心理上会觉得很冲突，因为他的身体是男，可是心理却是女。当事人不仅承受着自身性别角色认同的矛盾带来的痛苦，也会受到来自社会舆论的巨大压力。除了天生基因使然外，家庭的不当教育也是形成"伪娘"的重要原因。

孩子在3~6岁这个年龄阶段，正是性别角色认同的关键时期，孩子上了幼儿园就会对男女不同的生殖器、小便的不同方法、妈妈和爸爸的不一样的身体感兴趣，这时候，正是对孩子进行性别教育的最好时机。这时候，家长应该大大方方地向孩子讲明男女生理的不同，给孩子上好人生的第一堂性教育课，这样才便于孩子形成稳定的性别角色认同，这将影响他以后渐渐发展起来的性别角色心理和行为。

　　让孩子认识到自己是男性还是女性，各自性别的特点是什么，这方面的教育很重要。孩子将来要成为一个心理健康的人，就必须要知道自己的性别和社会对不同性别的期望。

　　孩子的性别在一定程度上决定了父母教育孩子的方式，如给孩子取名字、买衣服和买玩具，以及做游戏和谈话等都是不一样的，现在更流行的教育方式叫"男孩穷养，女孩富养"，也在表明不同的性别采用的教育方式是不一样的，这要符合社会的要求。孩子在很小的时候，家长就会给女孩子买毛绒玩具和洋娃娃，但是给男孩子买的却是小汽车和手枪。到了3~6岁的时候，家长会把孩子的性别和某些特定的品质联系到一起，比如男孩应该勇敢，应该知道保护女孩，而女孩应该文静一些，不能像男孩一样淘气。男孩在黑暗中给妈妈"壮胆"被夸奖为"小男子汉"，而女孩给辛苦的爸爸捶背被赞誉为"贴心小棉袄"。

　　孩子在玩耍的时候，也会将他们对男女性别的不同认识演绎到他们的游戏中，他们很喜欢玩两性关系的游戏，如结婚，女孩扮演新娘，男孩则扮演新郎，女孩会抱个洋娃娃来"喂奶"，男孩则"开车出去工作赚钱"，这样对成年人的模仿和童年的体验会给孩子的心灵留下美丽和浪漫的色彩，这样的角色扮演便于他们将来长大之后适应社会。

　　当然，父母也会对孩子关于性别的行为做出鼓励或者制裁。在这方面，男孩子面临的压力大一些，如果男孩子"娘娘腔"，一般父母都会难以接受的，而且会受到周围小伙伴的嘲笑，但是女孩"假小子"，一般来说受到的压力小一些，父母不会过于在意。

　　但是，有些父母对某种性别有着强烈的情结，明明是男孩子却因为盼女心切，硬给孩子穿上裙子，梳上小辫子。也有些父母"重男轻女"，将女儿称为"儿子"，从小把女孩子往男孩子方面培养，这样的做法都会让孩子对自身的性别角色不确定和迷惘，不利于将来适应社会，人为地扭曲了孩子的性心理发展。有的父母还会无意中对女儿或者儿子说："你要是个儿子（女儿）就好了！"并且流露出对其他性别孩子的喜爱，这些做法都会让孩子对自己的性别产生自卑、自弃心理。对孩子进行正确的性别教育，不仅要让孩子知道自己的性别，还应该让孩子乐于接受自己的性别、喜欢自己的性别，而这种接纳和喜欢主要来自父母的欣赏和喜爱，有了这样的基础，才会让孩子有信心扮演好自己的性别角色。

另外，同性父母对孩子的榜样示范作用也很重要，如果同性父母长期不在身边，孩子的生活中缺少可以模仿的榜样，那么孩子也容易形成异性的性别特征。还有的父母本身性别角色就不清晰，也直接会影响到孩子。曾有一对夫妻到心理咨询机构做咨询，想知道如何改变女儿的"同性恋"倾向，但是心理咨询师仔细观察这个孩子的母亲，发现她梳着干练的短发，穿着笔挺的制服，在来到心理咨询机构不到十分钟的时间里，接了不下三四个电话，并且在电话里对来话者都是指令性的语言，非常强势和霸气，充满了阳刚之感。可想而知，她的女儿从母亲那里学习到的都是男性特征和特质，自身对自己性别的认知怎么可能是"女人"？因此，父母一定要有鲜明的性别特征，让孩子意识到这两者的不同。否则，儿女的一些同性恋行为，可能自己就是始作俑者。

专家妈妈贴心话

有的父母出于工作或者其他方面的原因，长期不和孩子生活在一起，但是当孩子在3~6岁的时候，建议同性父母一定要回到孩子的身边，因为这个阶段是孩子对性别认同的敏感期。单亲而又异性父母的家庭（爸爸带着女儿，或者妈妈带着儿子）更要让孩子多接触同性的成年人，让他们从这些人身上学习到性别的特质，否则对培养孩子健康的性别意识可能不利。

♥女儿讨厌妈妈喜欢爸爸该怎么办

4岁的果果以前很依赖妈妈，做什么事情都要和妈妈在一起，但是现在凡事都愿意和爸爸在一起，总是想把妈妈推开，只要爸爸在家，总喜欢和爸爸黏在一起。甚至公开说，她喜欢爸爸，不喜欢妈妈，这让妈妈非常郁闷。一天，全家三口去逛商场，妈妈让果果穿上新买的粉色裙子，可是果果非要穿另一件衣服，两个人争执不下的时候，爸爸在一旁帮女儿说了一句："孩子爱穿什么就随她自己好了。"女儿听了，立刻扑到爸爸怀里撒娇，似乎只有爸爸最能体贴她了，还对妈妈恶狠狠地说："妈妈真讨厌！"妈妈感到很受伤，看着父女俩亲热的样子，感到自己完全被排斥在外，一股怒气顿时从心头涌起，拉过女儿就打屁股，爸爸过来劝阻，却也被火头上的妈妈劈头盖脸一顿斥责，结果夫妻大吵一场。吵架过后，果果妈妈既伤心又担心，她在感情上不能接受被自己从小疼爱的女儿排斥，同时也有一种隐隐的不安，女儿才4岁，与爸爸过分亲热，是否有性心理方面的问题？这种行为又是否会影响女儿将来的生活？

其实，果果妈不必过分担心，女儿在3～6岁这个期间依恋爸爸，几乎把爸爸当成情人而把妈妈当成是情敌，当妈妈与爸爸有些亲昵的动作时，女儿恨不得把妈妈推开，这种现象是女儿成长过程中的正常现象。

女儿有这种行为，说明女儿已经脱离了"母子一体"的阶段，已经将自我和妈妈分开，并且将目光投射到外界的环境中了。而爸爸，是女儿生命中遇到的第一个男人，于是，她对这个男人产生了兴趣，爱上了这个男人。女儿喜欢爸爸，这说明爸爸是个有责任心的、懂得疼爱孩子的男人，你应该对此感到高兴。

撒娇、亲吻、拥抱，女儿用各种方式试图博取爸爸的喜欢，在她眼睛里，爸爸是最有力量、最有魅力的人，是无所不能的人，她不断地寻求爸爸的夸奖和欣赏以证实自己的吸引力，并且想与爸爸"结婚"，这些都表明，女儿已经进入"恋父情结"阶段了。

这个时候爸爸的角色很重要，如果老公不知道该怎么做，妈妈要提醒自己的老公，这是女儿建立自我的一个重要阶段，爸爸要给予足够的欣赏和关注，这对将来女儿建立良好的爱情观有着重要的意义，如果这个时候爸爸对女儿不理不睬或者贬低讽刺，将来女儿很可能在爱情关系中也处于被冷落的位置。

但是，如果爸爸和女儿过于亲密从而忽视了妈妈，或者有意无意在女儿面前说妈妈的坏话，这会让女儿更加疏远妈妈，而在一个三口之家中，如果两个人走得过于亲密而忽视第三个人，这样的家庭就会出现问题。最理想的家庭关系是"正三角形"即"等边三角形"，只有任何一边都是等距的，关系也才最稳固和谐。

如果孩子在你和老公亲密的时候故意要推开你，这说明她在企图抢占你的位置，面对这样的情况，绝对不能退让，但不是对女儿大声的斥责，而是温柔而坚定地让她回到她自己应该在的位置上去。当然，在这种情况下，一定要老公配合好自己，你们两个共同要让女儿知道：她永远不可能逾越妈妈的位置，爸爸和妈妈的亲密关系是女儿无法干涉的。但是你们两个也要共同传达给她一个信息，那就是，无论她如何，爸爸妈妈都是共同爱着她的。尤其是妈妈，在女儿说出"讨厌妈妈"的情况下，如果依然能笑着说："你讨厌我没关系，我依然爱着你。"这就需要你宽大的母爱情怀了。

除了上述情况之外，也有妈妈的教育方式存在问题，而爸爸更能理解女儿所导致的女儿偏爱爸爸的情况。如前面果果的妈妈，不够尊重孩子的选择而非要女儿顺从自己的意愿，而爸爸表现得就相对民主一些，这样的情况下女儿喜欢爸爸也是人之常情。也有的妈妈喜欢唠叨，孩子产生超限逆反，而愿意和相对话少的爸爸在一起。还有的妈妈过于强势，总是喜欢指责爸爸，孩子出于鸣不平的心理就会站在爸爸一边以对抗妈妈。因此，具体问题也要具体分析，这些都需要妈妈反思和检讨自己的教育方式是否正确，家庭关系是否处理得当。

专家妈妈贴心话

　　面对正处于"恋父情结"中的女儿的挑衅，妈妈千万要稳住神，不要对女儿和爸爸的亲密表示出嫉妒的情绪，否则你将给女儿树立一个坏榜样，她也会学着你的样子嫉妒你，你们就真成了"对手"了。

♥不要让儿子成为妈妈的"小情人"

　　"当他用暖暖的小嘴巴来亲你的脸，当他把小脑袋往你的怀里蹭，当他用软软的小手搂着你的脖子，当你上班的时候他哭着不让你走，当你回家他见到你会开心又害羞的笑……他会张开双臂要你抱，当你生气了，他逗你开心，他会和你做各种游戏，毫不顾忌的笑得像个傻子……我的儿子，就像我的情人，怎能不让我对他付出全部的柔情蜜意，在他的笑声里沉醉，在他犯任何错误的时候毫不费力地原谅他！"

　　这是一位妈妈在博客里如上描述她和儿子之间的母子之情，字里行间透露出无限满足和幸福，很多妈妈提到儿子，也喜欢用"儿子是妈妈的前世情人"之类的词语来形容和儿子之间的感情，有的妈妈甚至有点幸灾乐祸地说："搞的他爸爸都嫉妒我儿子了！"

　　有的家庭里，父亲长期出差或者工作很忙，很少陪伴孩子和妻子，这样妈妈和儿子之间的关系就会显得更为亲密，妈妈喜欢亲儿子、抱儿子，晚上也在一个被窝里搂着儿子睡觉，而儿子也会表现出对妈妈的非常依赖。有时候妈妈对儿子，不像妈妈，反倒像一个撒娇耍赖的情人，平时和儿子拌拌嘴，吵吵架，没过一会儿就好了。如果妈妈在家庭中很孤单或者受到冷落，需要儿子依赖自己，那么儿子就会体察到妈妈的心情，一刻不离地跟随着妈妈。

但是，这样看似很亲密的关系，对儿子有着怎么样的影响呢？

首先，在这样的亲密关系里，儿子充当了一部分丈夫和情人的角色，这对孩子来说是个不该承担的重负，对孩子也是十分不公平的。当妈妈有了什么样的想法和渴求之后，孩子出于对妈妈的爱，他会反馈给你相应的行为。也就是，先是有妈妈希望儿子充当"情人"的角色的渴望，儿子才会表现得像个"情人"。有的妈妈过于脆弱，将很多烦心的事情讲给儿子听，幼小的儿子就会表现得像大人一样想办法让妈妈开心。但是，对于6岁前的小孩子来说，扮演这样的角色会令他力不从心，一方面不知道该如何做，心里面很恐慌；另一方面他也会害怕，那个能给他力量和爱护的妈妈没有了，那个能给自己安全感和踏实感的后盾不见了。虽然他不想扮演这个角色，但是又怕妈妈伤心，只好负重上场。

妈妈在应该与孩子分离的时候不分离，应该让孩子独立的时候却把孩子搂在怀里，这对孩子是爱还是伤害呢？这里恐怕更多是妈妈心理的需要，而没有去考虑孩子真正的需要。

如果想让孩子在健康的关系里成长，就不能让家庭中的三角关系倾斜，如果妈妈距离儿子太近，而离丈夫太远，或者无意疏远了丈夫，那么，这个家庭就会出现问题。如"女儿讨厌妈妈喜欢爸爸该怎么办"章节里所说，健康的家庭关系一定要是正三角形的关系，妈妈和儿子过于亲密的家庭一定要注意夫妻两个人情感的建设和巩固，妈妈要和爸爸的关系拉近一些，而和儿子之间的距离疏远一些。这样疏远不是爱的疏远，而是调整到更加正确和健康的距离。

在儿子3岁之后，妈妈应该与儿子渐渐拉开距离，这也是性教育中很重要的一环。幼儿心理专家指出：孩子，特别是男孩过于依恋母亲，会影响他的心理发展。3岁左右，孩子应该和父母分床，否则不仅会影响到夫妻间的感情，孩子的对外交往能力也不如其他独立性强的孩子，由此造成退缩行为、适应力下降。

专家妈妈贴心话

当家庭中有了孩子之后，很多妈妈都一心扑在了孩子身上，而忽略了丈夫的感受。如果时间短，丈夫是可以接受的，但是如果妈妈沉浸在与孩子之间的情感中，表现得总也不能离开孩子，那么与丈夫的感情自然就会变淡，有些家庭危机就是这样发生的。因此，对孩子该放手的时候就放手，该独立的时候就要让其独立，多给夫妻两个人创造一些在一起的机会。毕竟，夫妻之间的感情是一个家庭的基础，如果这个基础垮掉了，即使妈妈和儿子的关系再亲密，家庭幸福也很难保证了。

♥ 单亲父母更要与孩子保持亲密的界限

在如今离婚率不断升高的社会中，会出现很多单亲的家庭，孩子只和父母一方生活在一起。这样的家庭中，父母更要警惕不要让自己的婚姻生活伤害到孩子，尤其是对那些妈妈带着儿子、父亲带着女儿的家庭来说，更要警惕不要让孩子成为自己的替代"配偶"。

过去年代有很多寡母从一而终地守着儿子过一辈子，而当儿子结婚后，母亲往往见不得儿子与另一个女人亲密，而对儿媳百般挑剔，婆媳关系很难处好。这里的原因不难解释：这个母亲已经把儿子当成了自己的配偶，当成了自己精神的全部寄托，儿媳反而像是一个前来插足的"第三者"，对于来抢夺自己爱的女人，她怎么能不痛恨、不挑剔呢？而这样的结果，儿子被夹在中间，左右为难，对哪一头好都会得罪另一头，家庭生活很难和谐。

举这样的例子是为了说明如果单亲的父母不能和异性的子女做到保持有效的距离和分离，对孩子的一生都会造成障碍，尤其是会影响到孩子婚姻的幸福。不仅是过去年代会存在着母子紧密联结的情况，现在的社会虽然很少有寡母带着儿子从一而终的现象，但是母子关系过于紧密，甚至在儿子婚后依然深刻地介入儿子生活的母亲大有人在，这应该给我们这些年轻的妈妈敲响警钟。

不仅在单亲家庭会有这种现象，父母没有离异的家庭中也会出现因一方缺席而造成的"单亲"现象，而缺席的一方是爸爸的居多。这里面有工作的调动、长期出差等原因，也有社会、父亲自身和来自妈妈的原因。

由于妈妈在怀孕的时候就比爸爸"早"一年融入了亲情，孩子出生后，吃喝拉撒又都是妈妈的事情，爸爸融入的机会比较少。社会上的孕期讲座、儿童智力开发的课程很多都是针对妈妈的，这使很多人进入一个误区，以为养孩子就是妈妈的事情。也有的爸爸对孩子的责任感不够，平时把育儿的责任都推给妻子，自己躲一边乐得清静，即便是和孩子在一起，也自己干自己的事情而不会和孩子一起互动。另外，妈妈们对孩子的养育过于大包大揽是导致非离异家庭父爱缺失的很重要原因，看着丈夫笨手笨脚的样子，妈妈往往没有耐心地推开他："去去去，还是我来吧！"结果导致爸爸对育儿活动的参与缺少积极性，并产生被排斥的感觉。

在这样的家庭中，由于父爱的缺席也很容易让妈妈与孩子产生过度的亲密关系，从而不利于孩子的发展。

那些离异的家庭，带着孩子生活的父母要想让孩子得到良好的身心发展，必须明白孩子就应该站在孩子的位置上，自己不能因为和前妻（夫）有矛盾或者产生过痛苦，就在孩子面前大大诋毁孩子的妈妈

（爸爸），以求得孩子对自己的支持和自己紧密地站在同一条战线上。如果孩子对自己的妈妈（爸爸）不能接纳，认为那是个丑陋的形象，孩子就会产生极端的自卑。异性父母通常成为孩子寻求配偶的标准，如果是妈妈带着女儿，女儿就会对男性产生无端的愤怒，直接影响到她将来的恋爱和婚姻生活。如果爸爸带着儿子排斥妈妈，那么儿子也会从小对所有的女人没有好感，并且很可能还会爱上那些最后抛弃自己的女人（这种抛弃又很可能是这个成人的儿子自己促成的，因为他会在配偶那里寻找妈妈的影子）。因此，对于离异且带孩子的一方父母来说，正确地调整自己的心态，不要让孩子参与到自己与前妻（夫）的痛苦纠葛中尤为重要。

专家妈妈贴心话

对于那些喜欢对孩子的所有事情大包大揽的妈妈来说，不仅自己累得要死，也没有了个人的空间，生活会变得枯燥和乏味，而且与丈夫的关系也会日趋冷漠，对孩子的成长是没有什么好处的。聪明的妈妈应该在孩子面前积极地肯定爸爸的作用，并且对丈夫做的育儿工作多给予正面的肯定，以培养丈夫做爸爸的积极性。这样自己可以逐渐从育儿工作中抽身出来，获得自由的空间；让丈夫去承担做父亲的责任，还有利于培养丈夫与孩子的亲子关系，同时改善你们的夫妻关系，何乐而不为呢？

第四章
3~6岁，学习兴趣培养的黄金期

    孩子在3岁前一般爱问"是什么"，3岁以后开始爱问"为什么"，这是孩子思维逻辑能力提高的表现，这表明孩子对这个世界怀有强烈的好奇心，并开始思索事物之间的内在联系。3~6岁这个时期的孩子求知欲望非常强，这些都是孩子热爱学习的表现，他睁大了困惑的眼睛想知道这个世界到底是怎么回事。

    美国心理学家布鲁姆通过长期追踪研究发现，一个人的智力发育50%是在4岁前完成的，30%是在4~8岁完成的，这一结论表明了0~6岁婴幼儿期是人心理、认知能力等方面发展的敏感期。学龄前的教育非常重要，这也是现代父母普遍都非常认可的观点。

    为了不让孩子输在起跑线上，很多妈妈在孩子3~6岁这个时期就开始关注孩子的"学习"了，什么珠心算、识字、英语、舞蹈、钢琴……名目繁多的课程令妈妈们应接不暇，到底该学什么呢？

    人家孩子都会背好几十首唐诗了，可是我的孩子才会背几首，是不是我家孩子比别人笨啊？

人家孩子都报了各种兴趣班，该给自己孩子报吗？怎么样看出孩子的兴趣和特长呢？他如果不爱学怎么办？如果他学到半截想放弃该怎么办？

有的妈妈为了能让孩子在小学前学到更多的知识，将周六周日的时间安排得满满的，专门为孩子充当"专业陪读人员"，游走于各个早教机构之间。但是，这样做，孩子的学习效果就好了吗？

有的妈妈大为担心：我家孩子都6岁了，一天天就知道玩，你一让他学习吧，他就非常烦，小小年纪就开始"厌学"了，以后怎么办呢？

对于孩子的"学习"，家长一定要走出误区，了解3~6岁阶段孩子的心理发育特点，了解早期教育的"最佳期"，让孩子在对学习保持浓厚兴趣的前提下去主动地学习探索，让孩子喜欢上学习、学会学习，才是让孩子不断获取知识，提高自身能力的根本之道。

作为孩子早期教育的启蒙者，我们要掌握早教的"最佳期"，根据孩子的不同年龄、不同的教育内容、在不同的"最佳期"里，抓好孩子的早期教育，从而把握教育的主动性，获得事半功倍的效果。

以下就是3~6岁教育"最佳期"的相关提示，妈妈们一定要掌握：

2~3岁是计数能力开始发展的最佳期；

3~5岁是发展音乐能力的最佳期；

3~7岁是记忆能力发展的最佳期；

3~8岁是学习外语的最佳期；

4~5岁是发展阅读能力、培养抽象思维能力、学习各种技能的最佳期；

4~16岁是身体锻炼的最佳期。

♥会说英语单词，会背很多诗≠学习能力强

越是人多的场合，有的妈妈越喜欢炫耀自己的孩子："宝贝，给大家背背唐诗！"孩子在大家的关注下开始一首接一首地背诵，引得周围人个个啧啧称赞："这孩子真聪明！"有的妈妈看此情况却开始替自己孩子发愁了：年纪都差不多大，人家孩子能背那么多首诗，平时自己也没少下功夫，但怎么相差这么多呢？难道是自己孩子不如人家聪明？

也有的家长教会了孩子很多英语单词，孩子把日常的水果和蔬菜等单词背个滚瓜烂熟，平时说话的时候也会夹带"英语"，这让很多没学过英语的爷爷奶奶们很发憷：我孙子真是个学习天才啊！

其实，会说很多英语单词、会背很多诗并不等于该孩子的学习能力就一定有多强。因为学龄前的孩子的认知更多是停留在机械记忆阶段，他们的理解能力非常有限，即使会背上百首唐诗，也未必领会其中一首的真正意思和内涵；即使会说很多的英语单词，他也未必和现实生活中的物品挂上钩。这样说来，会背100首唐诗和会背10首唐诗在本质上区别是不大的。而且机械背诵也只是体现了孩子的记忆力好而已，而记忆力只是智力众多内涵中的一种，智力还包括孩子的理解力、想象力、观察力和创造力等各方面。因此，开发孩子的智力应从多方面入手，单一的机械记忆并不能说明什么问题。

即便是你的孩子在某一方面不如别人，但是他也会有其他方面的能力是别的孩子所不能企及的，每个孩子与生俱来都会拥有自己的智力潜能。美国哈佛大学发展心理学家霍华德·加德纳教授就曾提出，人天生就有多种智能，包括语言智能、教学逻辑智能、音乐智能、身体运动智能、空间智能、人际关系智能和自我认识智能等，这些智能会在之后的"如何发现孩子的特殊才能"一节作更具体的介绍。

由此可见，孩子的学习开发不仅是包括背诵唐诗、念英语单词、认字读拼音、学算术，也不仅仅是学弹钢琴、学舞蹈，早期学习的范围是广泛的、全面的，既涵盖认知、语言、艺术性等元素，还应该包括动作、情感和社会性等多个层面，因此，家长首先要走出早教的误区，以关键期的理论和多元智能理论为指导，尽可能全面、充分地开发3~6岁孩子各方面的潜质。只有这样，才能让孩子健康快乐地成长。

怎样才是真正的学习呢？与其让孩子花费大量的时间去学习那些他们根本不理解的汉字，不如调动孩子的感觉器官去体验这个字的真正意义。如让孩子了解"水"的意义，光给他看字是不够的，不如让孩子喝水、触摸水、闻闻水有没有什么气味、听听搅动水的声音、给花草浇水、看水变成的冰之后又化成水的样子……这样有意识地引导，才能让孩子充分了解"水"是个什么概念，至于是否认识这个字反而显得微不足道了，只要你提起"水"，孩子的头脑中和所有的感觉器官都会泛起关于"水"的各种记忆，孩子才会真正掌握这个知识和经验。

专家妈妈贴心话

有的家长说自己的孩子学习能力很强，很好学，自己主动要求学习这个学习那个。对于这种情况，家长有必要观察孩子这种求知欲望是发自自己内心的要求还是为了讨好父母。很小的孩子会为了让父母高兴，压抑自己内心的真实感受，做出父母喜欢的样子，但一放松下来，他就会通过无理取闹的方式来表达自己内心压抑的情感。

♥妈妈要克服重量轻质和盲目攀比

"我们家孩子能认识几百字了!"

"我们家孩子能做十以内的加减法了!"

"我们家孩子会弹好几首曲子了!"

……

很多妈妈喜欢给孩子规定一定的学习任务,必须要达到多少量才能罢休,甚至每天都固定给孩子规定学习目标,将孩子掌握的知识量作为衡量自己的孩子是否聪明的标准。

实际上,对于3~6岁的孩子来说,掌握知识的"量"并不是最重要的,重要的是孩子想象力和创造力的开发。由于媒体所称赞的不是识字多的神童就是背圆周率小数点后面N个数字的高手,也使得很多家长进入了一个误区,以为掌握的知识量多,孩子就聪明。因此,我们不乏死记硬背的"天才",却缺少诺贝尔奖得主。

至于什么才是有质量的学习,在"会说英语单词,会背很多诗≠学习能力强"的一节里已经提到"水"的例子,只有孩子的所有感觉器官都对这个词有经验和感觉,这才是认识事物而非一个字词的最大价值。当然,这只是拿识字来举例子,其他知识也是一样的,不仅要看数量,也要看学习的质量,要看孩子对知识和现实生活的连接程度、运用程度,否则,容易形成"死读书""读死书"的现象。

除了要克服重"量"轻"质"的错误态度之外,妈妈还一定要克服盲目攀比。

家长将自己的孩子与别人家的孩子进行比较是发生在很多妈妈身上常有的事情。

"你看看邻居家某某多聪明!"

"人家某某都得了小红花了,为什么你就没得到呢?"

"你看我们小区的孩子里数你学习最差了，你让我脸往哪里放？"

这样的比较和批评自觉不自觉地发生在很多妈妈的身上，她们希望自己的孩子各方面都优秀，掌握的知识比其他孩子都多，希望自己脸上有面子，因此，常常表现出急功近利和恨铁不成钢的态度。

对于3~6岁的孩子来说，他们正处于爱玩的阶段，只有当他们对某一领域的知识表现出极大的兴趣时，他才可能会全身心投入。但是如果家长只是为了获得与其他家长攀比的资本而让孩子这样做或者那样做，孩子不仅不会对学习内容感兴趣，而且会觉得自己是个用来比较的工具，本来尚存的一些兴趣也会消失殆尽，进而可能排斥家长安排的任何形式的学习。

如果孩子本来有个好朋友，可是你却总赞扬这个孩子而贬低自己的孩子，那么你的孩子很容易对这个孩子产生嫉妒、愤懑、仇恨的心理，至少他可以放弃这个友谊而保持自己的自尊心，以免遭你对比的"迫害"。孩子不惜失去自己的友情而逃避你的对比，这对孩子有什么好处呢？你真的认为孩子会痛定思痛、奋起直追吗？本来很优秀的朋友可以在潜移默化中带孩子一起成长，可是由于你的对比，孩子可能会结交一些"不如他"的朋友，或者干脆放弃与小朋友的交往，用来保证自己的自尊不受侵犯。

每个孩子都有自己本身的个性、特质、家庭环境和教育条件，因此一味地把这个孩子和另一个孩子作比较，是不科学、不客观的，甚至是不人道的。如果凡事都要比较，小孩跟父母都会活得很辛苦。在这个凡事都要竞争的社会里，让我们的孩子有自己的想法，适时地学会表达自己的理念，再与他人沟通讨论，学会独立成长，这是家长给孩子更有价值的培养。

就算自己的孩子某方面不如人，又能怎么样？如果这世界上每个人的智商、能力、思维方式都一样，那这世界上每个人还会有差异吗？而正是因为每个人都不同，每个人都有自己的潜能和自己的缺陷，才构成了互补而且平衡的世界。

与其比较自己孩子的短处，不如看到孩子的优点，对3～6岁的孩子更重要的是采取正向强化法，表扬的力量最终会让孩子慢慢主动改善自身的弱点，变得更加完美。

专家妈妈贴心话

当把两个孩子作比较时，一定要指出每个孩子的优点和缺点。你的孩子就算是言语能力不强，但他可能观察能力强，而其他孩子也不可能每个方面都比你的孩子优秀。找到他们可以相互学习的地方，这样让两个孩子都有超越别人的优势，才能找到信心的支撑点，体会到成功的快乐。而不是把一个孩子看得完美无缺，另一个孩子一无是处，而且一定要分出高低，并用一个孩子来"打击"另一个孩子，这无疑是一种语言上的"软暴力"，不仅会让孩子的自尊受到伤害，自信心遭到打击，甚至也是对孩子人格上的侮辱，且具有深远而持久的伤害力。

♥妈妈让孩子学习的态度要"淡"下来

"孩子竟然骗我！我坐在他身边时，他装模作样地看书，等我一离开做家务的时候，他就赶紧把他的玩具掏出来玩，气死我了！"一个妈妈为他的儿子不好好学习而向另外一个妈妈发着牢骚。

"哎，你可以了。起码你儿子还知道敷衍你，你看我那儿子，我要他看书，他不是跟我要零食就是要玩具做条件，达不到他的要求就不看书，好像是为我学习似的。我比你更愁呢！"

为了哄妈妈高兴而学习，或者用学习作为条件要挟妈妈答应自己的要求，这些都是孩子没有树立正确的学习态度，不知道学习的目的是什么，到底是为了谁而学习。

孩子的这种学习态度是与妈妈强烈的让孩子学习的要求密不可分的，正是由于妈妈态度的如此之"浓"，造成孩子学习态度的如此之"淡"。

当孩子看到妈妈为自己的主动学习而高兴，并且还给自己买零食和玩具奖励自己时，他就会发现原来学习还能额外获益，为了满足自己更多的欲望，于是孩子就拿学习当成了要挟妈妈的手段，而妈妈也总是妥协：好好好，等你会了×××，我就给你买个×××！最后，孩子的学习还不就成了任务和工具？

妈妈对孩子学习的态度要"淡"，而让孩子的学习态度变"浓"，这才是妈妈和孩子正确的态度。

妈妈的态度要"淡"，首先体现在催促孩子学习的语言和语气上，要自然而平淡地说："到了学习的时间了，该学习了。"而不是焦急地催促或以责骂的语气让孩子学习。

孩子如果知道主动学习，你将欣喜掩藏在心里就可以了，不要表现出来，更不可给孩子奖励，否则孩子会以为这是值得额外奖励的事情，只要没有了外在的奖励，孩子就会以不学习为要挟，从而失去了内心真正的学习兴趣。妈妈们千万要记住的是：外在的奖励只会减弱孩子主动学习的热情。当孩子主动学习时，妈妈一定要注意态度上要平淡，将这看成是再自然不过的事情就好了。

适当的时候，妈妈还要给孩子的学习设置点"障碍"，保持孩子学习的"饥渴心"，以便孩子真正投入学习时更加具有动力。贝贝的妈妈当听到女儿要学舞蹈的请求时故意没有立刻答应下来，而是带着贝贝经常观看一楼正在报班学舞蹈的小姐姐练功，贝贝看得直痒痒，恨不得妈妈马上为自己报名，贝贝妈又拖了一段时间，警告贝贝练舞有时候很苦，并且学费很高，不是特别喜欢不能盲目报名，但仍旧每天带着贝贝去观摩小姐姐练功。直到后来贝贝哭着要求妈妈并且主动提出将自己所有的压岁钱都拿出来报名时，妈妈才同意贝贝去学舞蹈。可想而知，贝贝对学舞蹈已经有了强烈的兴趣，在这样的主观能动性下，焉有学不好的道理？

但不是每个孩子都像贝贝这样对某一方面有着强烈的兴趣的，那么家长至少可以在平时给孩子灌输"你在为自己而学习"的思想和态度，让孩子知道学习是自己的事情而不是家长的事情。

有的聪明妈妈在教孩子认字的时候，就会引导孩子说："等你认识很多字的时候，就可以自己看一本厚厚的故事书了，不仅不用妈妈念了，还能给其他小朋友讲故事听。"或者在看电视的时候，指着外国人说："等你会了很多英语之后，就可以到这些国家去旅游了，还可以直接和他们说话。"如果妈妈说好好学习将来当科学家、外交官等这些名词，3~6岁的孩子可能难以理解，因此，给予他们的指导越具体越好，让他们知道知识积累多了可以做什么，能给自己带来什么好处，让他们为了一个美好的未来而自发地努力学习。

专家妈妈贴心话

有的妈妈本想让孩子学习，可是孩子沉迷于动画片或者玩具而并不遵从妈妈的意愿，这让妈妈很难做到"淡"的态度，往往怒火还会被激发，不可遏制。而强迫孩子学习只会让孩子对学习反感而且还会破坏亲子关系。因此，聪明的妈妈应该合理规划好时间，学习和娱乐的时间应该固定好，让孩子在玩的时候尽情地玩，学习的时候则心甘情愿地去学，这样就会减少学习和玩耍带来的冲突。

♥学习兴趣比学到了什么更重要 ※

"我一让孩子看点书认点字吧，他就一副不耐烦的样子。这还没上小学呢，对学习就这个态度，以后该怎么办呢？"

"我们家孩子也这样，只喜欢看动画片，回家就在电视跟前不动地方，让他写个幼儿园留的作业都懒得写。每次都要我好言相劝，实在拖得太晚了我还得帮他写。"

一个妈妈在幼儿园接孩子放学的时候，和另一个妈妈聊着天，她们都对孩子的学习问题比较忧虑。

看来，孩子不爱学习的原因是将学习当成了一项无趣的差事，只有在迫不得已的时候才勉强来完成。实际上，幼儿期的孩子是有着强烈的求知欲的，他们都很喜欢学习。之所以出现"厌学"的情况，这和家长的不当教育和对学习的错误态度是有着很大的关系的。

有的家长深受应试教育的影响，再加上现在竞争日趋激烈的社会，更让很多家长认为孩子现在的学习决定了将来上更好的学校，上更好的学校又能有更好的工作，有更好的工作才有更好的人生……在这样的逻辑下，他们将孩子在幼儿园的学习看得特别重要，他们怀着如此殷切的希望要求着一个上幼儿园的孩子，会让孩子感到不能承受之重，从而对学习感到恐惧。

很多的家长自己深受当年"头悬梁、锥刺股"的学习之苦，将学习与快乐完全隔离开，认为学习就是痛苦的事情，只有吃喝玩乐才是令人愉快的，在孩子学习之后，往往把吃喝玩乐当成对孩子的奖赏和鼓励，人为地将学习和快乐割裂开，当孩子不喜欢兴趣班的学习时，这类家长往往说："再坚持一会儿啊，等学完后妈妈给你买好吃的，带你去游乐场……"在平时孩子表露出不喜欢幼儿园安排的某类学科的时候，这类家长不去了解孩子是因为什么不爱学习（也许是孩子不喜欢这个老师或者其他的因素），而是说："再上一天咱就放假了，到时候就好了……"在家长如此的"引导"之下，孩子也会越发认同学习是个痛苦而无趣的事情，只能忍耐、忍受，何谈对学习有好感呢？

还有的家长认为孩子过多学习会费脑子，一定得保证孩子好好玩，有一个"健康快乐"的童年，这样的认识会影响到孩子，让孩子从小就感觉学习是个很辛苦很累的事情，以后一旦学习，就会有负面情绪出现，这样也很难让孩子爱上学习。

美国教育学家布卢姆说过："一个带着积极的情感学习课程的学生，比那些缺乏热情、乐趣和兴趣的学生，或者比那些对学习材料感到焦虑和恐惧的学生，学习得更加轻松，更加迅速。"由此可见，培养孩子积极的学习情感、学习热情、学习乐趣和兴趣才是让孩子爱上学习的根本之道。

一个人生命中最重要的事情就是学习，因为如果不学习，他就无法作为一个独立的人生存。因此，从广义上来说，孩子每天所接触的一切都是在学习。对于3～6岁的孩子来说，学习并不意味着坐在屋子里念书，而是不安分地到处探索、触摸甚至搞一些破坏，他们都是在学习"这是什么""这到底怎么回事""为什么是这样不是那样"。学习是一辈子的事情，并非局限于上学的这些年，因此，家长首先应该对孩子的学习有个长远的认识，要看到长效，不要过于急功近利，让孩子还没跑到人生的中途却已经累倒在起跑线上。

我们要尽量避免把孩子培养成"死读书""读死书"的书呆子，要让孩子学到的知识和丰富的生活联系起来，让孩子知道学习到的东西都是来源于生活最后指导生活的，这样孩子才更有积极性来学习。举个例子来说，平时可以带孩子去农村或者采摘园，让孩子知道水果真正长在树上的样子，之后让孩子将水果亲自摘下来，带到家里品尝。还可以让孩子照着水果的样子画一幅画，并告诉他这个水果的英语怎么说，汉字怎么写，还有这个水果的成长过程是怎么样的，它的树叶是什么形状的，它几年能结果子，嫁接之后还能长出别的果子，等等。这些知识学完了，还可以让孩子将这个过程叙述下来，问问他有没有什么感受。总之，要让孩子感觉到知识的生活性，这样孩子才更有乐趣去学习。

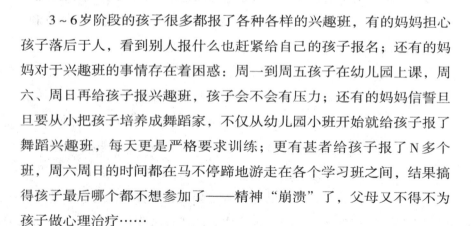

专家妈妈贴心话

美国教育家格伦·多曼说："学习是生活中最有趣和最伟大的游戏。所有的孩子生来就这样认为，并且将继续这样认为，直到我们使他相信学习是非常艰难和讨厌的工作。有一些孩子则从来没有真正地遇到这个麻烦，而且终其一生，他都相信学习是唯一值得玩的有趣的游戏。我们给这样的人一个名字，我们叫他天才。"因此，对于孩子的一生来说，培养孩子的兴趣远比学到了什么更重要。

♥该不该给孩子报"兴趣班"

3~6岁阶段的孩子很多都报了各种各样的兴趣班，有的妈妈担心孩子落后于人，看到别人报什么也赶紧给自己的孩子报名；还有的妈妈对于兴趣班的事情存在着困惑：周一到周五孩子在幼儿园上课，周六、周日再给孩子报兴趣班，孩子会不会有压力；还有的妈妈信誓旦旦要从小把孩子培养成舞蹈家，不仅从幼儿园小班开始就给孩子报了舞蹈兴趣班，每天更是严格要求训练；更有甚者给孩子报了N多个班，周六周日的时间都在马不停蹄地游走在各个学习班之间，结果搞得孩子最后哪个都不想参加了——精神"崩溃"了，父母又不得不为孩子做心理治疗……

在孩子报兴趣班的问题上，就出现了这么多复杂的事情。那么，作为家长来说，该不该给孩子报兴趣班呢？又该遵循着怎样的原则对孩子更合适呢？

首先，家长要摆正自己的心态。

1. 不强加和强迫

有的家长自身存在没有实现的愿望，希望让孩子实现自己当初的理想，而不顾孩子自身的兴趣将自己的意愿强加给孩子。这对孩子来说会非常痛苦，家长往往费力不讨好，双方最后都两败俱伤。还有的家长对某领域有强烈的兴趣，或者出于世家，希望孩子能"子承父业"，孩子在家长的熏陶和影响下，可能会对此很感兴趣，也可能不感兴趣，但都不应该强加和强迫孩子。家长应该在了解孩子天赋的基础上培养孩子良好的兴趣，对孩子进行科学的训练。

2. 不要盲从

有的家长看到别的孩子都报了某个兴趣班了，或者感觉某个兴趣班价格便宜更多，就给孩子也报了名，完全不顾孩子愿意不愿意。还有的家长看到社会上某个职业能名利双收，如歌星、影星等，就下决心把自己的孩子也培养成那个样子。但是，如果孩子没有这方面的天赋，这也只能是家长一厢情愿的想法。

3. 不要被外部动机左右

有的家长在送孩子上兴趣班的时候，并不知道孩子是否感兴趣，在平时也没发现孩子具有特别的潜质，因此，想通过兴趣班让孩子自己发现兴趣。也有的家长刚开始心态很平和，只想让孩子多接受一些艺术熏陶，培养孩子的气质和情趣。但是，把孩子一送到兴趣班后，家长就被那些考级、表演、获奖等外部动机所左右，马上变得功利起来，违背了自己当初的初衷，也使得孩子由"兴趣"变成了"任务"，丧失了学习的热情。

4. 不要舍本逐末

有的家长看到孩子身上缺乏一些品质，如在幼儿园表现得比较内向，就想让孩子学一些热情舞蹈来改善性格；或者是孩子太好动，家长就想让孩子学学围棋，能从中学会静心。有的家长希望孩子从小能培养一项技能，将来在校园生活中有表现的机会，从而也能增强孩子的自信心。这些想法都是可取的，兴趣的培养确实能改善孩子性格也能给孩子带来自信，但是家长不能舍本逐末。如孩子性格天生内向，一定要通过兴趣班将孩子的性格转变成外向，恐怕是很难如愿的。另外像孩子在幼儿园学习的时候表现得不够专心，未必就是孩子不能专注，很有可能是老师讲得不够生动。在兴趣班表现专注未必就能照搬到幼儿园的学习中去。家长还是具体问题具体分析，在特定的情境下加以训练才更为有效。

家长在摆正了自己的心态之后，在有条件的情况下，还是应该给3~6岁阶段的孩子多一点信息的刺激，尤其是音乐、美术、舞蹈、戏剧的启蒙，发展孩子对自然形体、色彩、质感的感知。不管孩子将来是否成为这方面的天才，这些刺激都能让孩子终身受益。

没有经济条件的家长也不必着急，只要我们平时多给孩子创造接触大自然的机会，多进行亲子阅读、亲子游戏，节假日带孩子去一些免费的博物馆和展览馆参观，一样可以培养和发展孩子的兴趣。孩子在这个过程中会提很多问题，知道答案的话家长就及时解答，不知道答案的话，可以和孩子一起寻找答案。在每一次提出问题和解决问题中，孩子都在学习。他们学会了思考，学会了解决问题的方法。这样周而复始，拓宽了孩子的知识面，学到的知识也不比兴趣班少多少。

当然，也有的孩子刚开始对兴趣班的课程非常喜欢，但是过了一段时间就丧失了兴趣，或者兴趣发生了转移。这让有些家长恼怒，觉得孩子不能坚持，没有恒心，有时候要孩子强迫坚持。其实，对于3~6岁的孩子来说，如果他有某种兴趣，就鼓励支持他，但是如果他的兴趣已经发生了转移，这表明这个刺激已经完成，家长不必强迫孩子坚持，而是应该让孩子去体验其他的兴趣。这样，孩子上兴趣班就不再会成为一种压力。

家长要明白的是，给孩子上兴趣班是为了培养孩子对某种兴趣的延续性，而不是为了成为某种技能的高手。孩子能不能成为某种技能的高手，在于他自身对此兴趣的延续时间有多长。

专家妈妈贴心话

有时候孩子会主动向你提出要求希望你能为他报某个兴趣班，为了避免孩子心血来潮而浪费银两，你可以先试探孩子，把学习本领不能"三天打鱼两天晒网"的道理给他讲讲，看看他是否还坚持，如果他依然很坚定要学，再适当让他保持一些对此兴趣的"饥饿感"，之后再给孩子报名。毕竟"我要学"比"要我学"的主动性强多了。在孩子学习的过程中，家长也不要有什么功利的想法，只要孩子高兴、乐在其中，这就是最大的收获。

♥如何发现孩子的特殊才能

教育专家说每个孩子都具有属于自己的天赋，最好的教育是按照孩子的天分有的放矢去培养孩子的特长和能力。话虽然这么说，可是很多家长都诉苦说：怎么样才能发现孩子具有的天赋呢？我又不是教育专家，看不到孩子的潜质和特长，如何能做到有的放矢地培养孩子呢？

那么，作为普通家长的我们该如何去观察自己孩子的天赋和潜能呢？

美国哈佛大学发展心理学家霍华德·加德纳教授在他的《智能的结构》一书中提到：人与生俱来具有八种不同智能，包括语言能力、空间想象能力、逻辑数学能力、运动协调能力、音乐能力、了解他人的能力、了解自己的能力、自然观察能力等，这些智能是由人的大脑构成决定的。我们先看看3～6岁的孩子是如何体现出这些智能的，如果你的孩子在某些智能方面表现突出，那么你就该重点留意，考虑具体的培养方法。

1. 语言能力

语言智能强的孩子在学习语言上能力比较突出，你教他的儿歌和讲的故事他会记得很清楚，只要你给他讲过几遍，他就能顺利地背诵。别看他人小，还能绘声绘色地给你讲故事听，平时也表现为爱讲话和喜欢争辩，伶牙俐齿的他有时候会把你说得一愣一愣的。这类孩子很早就是个兴致勃勃的交谈者。他能用自己加工过的词句来表达，很容易学说一些新词汇或长句子，很早就会讲故事。对于这种语言能力强的孩子，你应该让他多读一些故事，之后要他复述出来，培养语言表达能力。多买一些富有知识性和趣味性的图书给孩子阅读，引导孩子背诵儿歌、诗词，与孩子一起搞些猜字、猜谜语、看图说话等文字游戏，等他认识的字增多了，就可以培养他独立阅读的能力了。

2. 空间想象能力

这类孩子对行走过的路线很敏感，凡是走过一遍的地方他很少迷路。你再次带他去朋友家，他能清楚记得楼号和单元门以及房间号。外出时，他能记住沿途标记，说我们曾经到过这里。他图画画得很好，拥有丰富的想象力。他对绘画、机械组装有浓厚的兴趣。对于这类孩子，应该多带他去远行，有意识地培养他的识记能力，并从小让他做画地图的游戏，培养他对精密事物的掌控力。也可以送他到专门的绘画兴趣班，让老师来系统培养他的绘画能力。

3. 逻辑数学能力

逻辑数学能力强的孩子能将一些杂乱无章的玩具归类放好，对数字和几何图形特别感兴趣。会问到诸如：时间从什么时候开始，为什么小行星不会撞到地球这样的问题，也经常会问：打雷、闪电、下雨是怎么回事。他能很快明白一些等量关系。对于这类孩子，可以早一点教会他数字的概念、几何概念、立体概念、容量概念和分类概念等，慢慢过渡到加减法的学习。教孩子早点用直尺、圆规等工具画图形，从简到繁，循序渐进。还可以利用扑克牌游戏来增加孩子的数学能力，也可以报一些跳棋、围棋等兴趣班。

4. 运动协调能力

这类孩子很喜欢模仿广告或者电视中的人物来跳舞，善于模仿各种身体动作及面部表情，他走路的姿势很协调，在一些陡峭的突起上也能保持很好的平衡能力，随着音乐所做的动作也很优美，他很早就会自己系鞋带，很小就会骑三轮车。有时候也可能会把床当成是舞台，没准还会遭到你的责骂。这方面孩子表现出来的是身体动觉才能，运动员和舞蹈家都有这方面的天赋，可以把孩子向这个方向培养。

5. 音乐能力

这类孩子很喜欢唱歌，唱歌时音阶很准。也喜欢听各种乐器，并能辨别他们发出的声音，他还能对不同的声音发表评论。这类孩子通常在3岁前就会表现出特别注意倾听有规律的声音，只要有音乐出现，他就会瞪大眼睛专注地聆听，他所表现出来的专注程度，连6岁后的孩子都比不上。这类孩子可以多给她听幼儿歌曲，鼓励孩子跟着一起唱；早一些让孩子接触一些乐器，当然也可以报音乐班去接受正规的培训。

6. 了解他人的能力

这类孩子喜欢人多热闹的地方，在大庭广众之下也不怯场，比较合群，人缘比较好，喜欢和小朋友们一起玩。能够注意别人、照顾别人和喜欢教育别人。他比较善于观察他人在愁闷或高兴时的情绪变化，并能做出反应，还会常说某某像某某。对于这类孩子来说，可以有意识地培养孩子的领导能力、组织能力和号召能力，将来这类孩子会成为很好的管理者和领导者。

7. 了解自己的能力

了解自己的能力强的孩子就是自省能力强，对自己的缺点和优点有明确的认识。这类孩子擅长把动作和情感联系起来，比如他说"我们做这件事都非常高兴"。他特别喜欢扮演什么角色或自己编剧情，喜欢自己的事情由自己来做选择和判断，对其他人也能给予准确客观的评价。自省能力强的孩子将来很有可能成为文学家、哲学家、心理学家，但需要从小加强这方面的能力。例如：平时可以引导孩子说出自己的外貌特征、情绪感受以及自己对自己的看法，并且鼓励孩子自己的事情自己做决定，并让他说出做这个决定的原因。也可以让孩子参加小主持人、戏剧表演之类的学习。

8. 自然观察能力

自然观察能力是指孩子具有对大自然中物体的辨认和分类，洞察自然或人造系统的能力。这方面能力强的孩子不喜欢在房间里玩，特别喜欢到大自然中去，对户外活动非常热衷，并且对动物和植物非常感兴趣，对父母的提问也总是围绕着大自然中的事物进行。自然观察能力强的孩子将来有可能成为植物学家、地质学家、生态学家、农业学家和园林设计师等。为了培养孩子的自然观察能力，家长要带孩子多接触大自然，引导他们观察细小的东西，还可以通过图书和网络让孩子多多增长见识。

专家妈妈贴心话

在平时的日子里，家长务必注意孩子的行为举止、喜悦、憎恶，观察他做一件事或与别人交往中的特征：虽没有耐性却有创意，虽不善言辞却很热心……把这些细心表现记录下来，了解其潜能与特长，以便有针对性地进行开发和培养。对于孩子在语言方面、数学逻辑方面和对人对己的认识方面能力，应该作为基本能力加以开发和培养。一旦发现孩子在某方面具有突出的潜能，应为孩子设计一份详尽的潜能开发计划，并且坚持实施。这是决定孩子的潜能是否能得到发展的关键所在。

♥孩子要不要从小就定向培养 ✳

　　为了给孩子报兴趣班，有些夫妻两个人意见就不一致，例如：一个女孩的爸爸认为现在社会英语需求广泛，孩子应该好好学习英语，以后可以出国留学见识最先进的文化。而妈妈认为女孩子嘛，没必要那么好强，不如好好学习跳舞，将来当个舞蹈家，保持一辈子优雅的气质和风度。结果，两个人为了孩子的发展问题闹得不可开交，最后彼此妥协的结果是：两个兴趣班孩子都上，既要成为"英语通"也要成为"舞蹈家"。从此，夫妻俩为了达到这两个梦想开始了节衣缩食的生活……

　　这样的情况恐怕会发生在很多孩子家长的身上，为了让孩子将来在某一方面有所建树，他们尽可能地给孩子创造条件，从小就对孩子期望很高，他们的口头禅是："我希望我的孩子将来能成为……""我一定要把孩子培养成为……"对于孩子，他们永远要说的是："你今天做完了……吗""要好好努力，不要辜负我的期望……"

　　家长的意愿和出发点是好的，但是这些家长是否考虑过孩子的感受呢？孩子在你想定向发展的方面有没有兴趣、爱好和天赋呢？如果孩子本身不爱学，而父母总是逼他学，不仅会造成孩子消极、抵抗的心理，而且还会极大地损害亲子关系。很多孩子会发出这样的抱怨："我本来不想学钢琴，可是我妈妈非让我学！"这样"定向"培养出来的孩子，如何能学得好呢？当然，也有在父母的安排和强制定向培养下走向成功的例子，但是，这样的人即便获得了事业上的成功，内心却不会快乐，丧失的童年就像一个留在心底的黑洞，无论成年后用多少财富和鲜花也无法填满。因为，他们过的不是自己想要的人生，还有什么比这更悲哀的呢？

　　对于"定向培养"，家长要有正确的认识，所谓定向培养是指对某些特定技能，如钢琴、绘画等加以重点培养、强化训练，也就是特殊专长的训练，或是对儿童未来发展成材类型作定向引导，形成定向发展的定势。在对3~6岁的孩子"定向培养"的问题上，父母要注意以下几点：

1. 不要自作主张来定向培养

首先要清楚把孩子培养成什么样子是孩子自身的意愿还是父母自己的期望，不要自作主张地决定孩子朝哪方面发展。有些孩子本来对某领域是有兴趣的，但是由于父母期望过高，兴趣变成了压力和负担，这种定向培养是不能提倡的。

2. 定向培养要因人而异

每个孩子的遗传素质和家庭环境都是不同的，都有不同的兴趣愿望，更有不同的发展潜质。家长可以参考"如何发现孩子的特殊才能"一节内容，来发现孩子更多的特殊能力，而不仅仅局限在英语、钢琴和绘画等方面。更不能看到别的孩子学什么，就让自己的孩子学什么。定向培养也并不是适合所有的孩子，父母一定要在了解孩子的基础上，来考虑是否对孩子进行科学的定向培养。

3. 定向培养不是单向培养

很多家长容易走进"定向培养就是单向培养"的误区。他们以为早期教育就是早期定向，就是培养孩子的一技之长。于是，家长往往只抓住孩子的某一特点悉心加以培养训练，而当孩子未明显表现出某方面的特长时，家长就一厢情愿地为孩子选定一个方向迫使他"成才"，这样会忽略了孩子其他方面的天赋，也容易让孩子发展得不够全面。定向培养不是纯粹的单向培养，而是对孩子的特长和天赋给予特殊的照顾，并不排斥孩子其他方面的教育和发展，是在对孩子全面教育的同时，侧重于对他们某一方面进行有针对性的训练。

4. 技能训练也要"术"与"道"结合

早期定向教育的内容应主要是技能技巧方面的，又必须是在幼儿时期打基础的科目，如舞蹈、杂技、体操等。但是这些技能技巧只是

"术"，如果单纯追求技术，而忽略了知识文化素养的"道"，那么，孩子未来的发展也是不平衡的。

专家妈妈贴心话

虽然早教的意识已经深入年轻父母的心，而且目前社会上的早教机构也办得如火如荼，但是如果父母不懂得科学的早教，无视幼儿身心发展的特点和规律而盲目进行早教，如重视孩子的智力开发，对孩子进行不适当的"专长定向培养"，忽视其非智力因素的培养，无视孩子自身的兴趣爱好，轻视其体质和品德的健康发展等，这些只会使孩子变成能力与心理发展上的畸形儿。3~6岁的孩子正处于生理、心理及个性品质等发展的关键时期，而且身心发展是一个完整的统一过程，只有从德、智、体、美几方面综合全面培养，才能真正促进孩子健康、和谐地发展，为孩子以后的全面发展打好基础。

♥ 游戏是孩子最好的学习方式

"别碰，脏！"妈妈的一声尖叫阻止了正要去玩沙土的卡卡，卡卡穿着漂亮的衣服，羡慕地站在一边看着其他小朋友在一个沙土堆上爬来爬去。孩子们正在沙土堆上建设高楼和山洞，一个个玩得满头大汗，兴致勃勃。卡卡忍不住刚想往前走，小手就被妈妈紧紧地攥住了。

你是否也像卡卡的妈妈一样，怕孩子弄脏衣服或者怕孩子被其他小朋友欺负而不让孩子参加属于儿童的游戏？甚至有的家长认为孩子出去"玩"就是在浪费时间，应该乖乖待在家里"学习"。实际上，这样的做法不仅扼杀了孩子的学习能力，阻止了他们思维的发展，妨碍了他们智力的发育，还让孩子丧失了与伙伴交往的机会，剥夺了孩子学习社交能力的机会。

禁止孩子参加与小朋友之间的游戏，对于孩子的危害还不仅仅是这么多。游戏对于幼儿期的孩子来说，是他们认知发展的途径，游戏不仅不会浪费孩子的宝贵时间，而且是一种最有效的学习方式。游戏对于3~6岁幼儿的身心发展具有非常重要的作用。从心理发展的意义上说，3~6岁，正是人一生中的"游戏时代"。 对这个年龄阶段的孩子而言，游戏就是生活，游戏就是学习，游戏简直就是他们整个幼儿时代的工作，游戏就像空气与水一样不可或缺。

心理学家研究发现，在孩子生命的初期，行动和思维是密不可分的，当孩子在积极玩耍游戏时，他的大脑也在飞速运转，当孩子什么都不做时，他的大脑也会放慢速度。因此，对于幼儿期的孩子来说，让孩子"学习"并不意味着坐在屋子里看书识字，而是应该不安分地到处探索，或者是亲身体验，进一步说就是玩耍游戏。

可以说，游戏对幼儿的心理成长的促进作用是全面的。通过多种形式的游戏，孩子的各种动作协调能力、认知能力、情绪表达能力和控制能力、人格都能得到很好的锻炼。例如：孩子玩沙土的游戏，沙子本身带给孩子粗糙的触觉，捧起沙子时的沉甸甸的感觉，不仅满足孩子皮肤对外在刺激的需要，也是感知觉统合的途径之一。孩子们在沙土上建房子、栽树，配以一些五颜六色的塑料玩具，不仅锻炼了他们的想象力和创造力，还让他们将内在的情绪进行了很好的宣泄。如果孩子内心混乱，情绪纠缠，那么他手下的沙的世界也是一片混乱。此时家长不必过多干涉，孩子在玩的过程中能慢慢整理自己的世界。从玩沙的活动中，我们还可以看到孩子与生俱来的心理自愈的能力，这也是很多心理机构的"儿童沙盘疗法"的基本原理。

如果你认为自己可以和孩子做游戏，孩子就不必与其他小朋友一起玩了，这样的想法是错误的。孩子通过和小伙伴一起玩，能学到很多从成人那里学习不到的东西，成年人和孩子玩耍时一般都会谦让孩子，但是孩子与小伙伴玩耍时却能从接受游戏规则的约束开始学习控制自己的行为，了解别人的界限，这对一切以自我为中心的思维惯式来思考问题的孩子来说，是非常具有意义的。

孩子如果自由地玩耍，确实会给妈妈带来很多麻烦，如弄脏衣服和身体，会将家里搞得一塌糊涂，有时候还可能出现一些危险的情况，如磕破了头和膝盖等。为了孩子身心的健康发育和成长，我们需要勤奋地收拾和清洁整理，还要巧妙地引导和保护。如果我们怕麻烦，制止"调皮鬼"的一切举动，那么就拖累了孩子成长的脚步。

当孩子玩耍游戏时，家长要抑制住自己"帮助"孩子的冲动。如孩子正在一个人搭积木，但是总搭不高，稍高一点就倒，结果你过来："真笨！看我的！"的确，你完美地将积木搭得很高，孩子确实会充满敬畏地仰望着你，但是内心却感觉自己自卑而无能，自信心就此一落千丈！这种情况时间长了，他会感觉自己做什么都不行，遇到困难会找你解决，但自己却害怕尝试、害怕失败。因为，作为最亲近的父母不能接纳他的"慢""笨""蠢"——即使这个年龄阶段的孩子能力就是如此。因此，放手去让孩子自由地探索、尝试，失败的时候也不要干涉，让孩子自己去想解决的办法，以平和的态度陪伴孩子，无声地鼓舞孩子自己产生足够的信心坚持继续尝试和努力，直到孩子找到解决问题的答案。这样的孩子将来在遇事的时候，会深信靠自己的智慧和努力是可以战胜困难的，而无论自己遇到什么样的挫折，亲人都不会指责自己，而会一直鼓励自己、陪伴自己，这样孩子就有了战胜一切困难的力量。

在孩子专注地玩耍游戏时，请家长尽量保持沉默，只要没有危险，不要上前去询问或者制止，打断孩子学习的进程。也不要在孩子玩在兴头上的时候，试图给他就此游戏讲道理，弄不好孩子无法明白你的道理还会产生消极情绪，以至于让他们丧失了游戏的乐趣。

不要总提醒孩子慢些跑！不要总是对孩子大声尖叫！这些喧宾夺主的方式都会分散孩子游戏的注意力。家长在孩子游戏玩耍的时候，不应该占据主导地位，而应作为后台人员，管理好孩子游戏的时间和空间以及玩具材料，关注着孩子却不露声色地引导他们专注地探索玩耍，或者在游戏中做好一个配角，让孩子来当主角，让孩子真正体会到游戏的乐趣。

专家妈妈贴心话

游戏对于那些害羞和退缩的孩子更适合，家长应该多创造条件让孩子更好地与人交往，孩子在游戏中能学会恰当地表达自己和控制情绪，处理自己内心的焦虑和冲突，这对培养孩子良好的人格有着重要的作用。

♥玩具是开发孩子智力的最好工具

"妈妈，我要那个有很多衣服的芭比娃娃！"

"不买不买，贵死了，不就是给她换换衣服吗，有什么可玩的？妈妈给你买了三本图画书，你回家画画去吧！

"我就喜欢芭比娃娃，我就喜欢给她换衣服，看她的衣服多漂亮啊！"

"买什么买！不如买书划算，快回家！"

在超市里，一个小女孩站在芭比娃娃的玩具面前不肯走，后来到底被妈妈给拖走了。

孩子执意要买芭比娃娃，已经表现出独立的意愿，可是妈妈认为一个玩具就是玩玩而已，而且花大价钱买可不值得，还不如买书来的经济合算呢。那么，玩具在孩子的智力发展中的价值何在呢？

在"游戏是孩子最好的学习方式"一节中已经提到：在孩子生命的初期，行动和思维是密不可分的。外在的身体动作可加速内在智力活动的发展。3~6岁孩子的动作主要表现在"玩"的过程中，而玩与玩具是分不开的。在孩子玩玩具的时候，也锻炼了孩子的观察、思考以及动手操作的能力，智力当然得到了发展。鲁迅先生曾说过："玩具是儿童的天使""玩具是儿童学习的第一本教科书"。

玩具以它鲜艳的色彩、生动的形象、奇特的变化等特点吸引着孩子的注意力，能引发孩子的好奇心，启迪孩子动手和动脑。所以，玩具是孩子生活中不能缺少的伙伴。就拿模型玩具来说，这种玩具就非常有利于开发孩子的空间智能、想象力和创造力，以及培养孩子的专注力。芭比娃娃这样的玩具则非常适合培养女孩子的审美情趣，包括色彩和款式的搭配，对形体美的追求等。

家长应该为3~6岁这个年龄阶段的孩子提供不同的玩具来全面开发孩子的智力。对于3~4岁的孩子来说，可以给他买一些毛绒玩具、小皮球，让他尝试着穿木珠，这样的玩具可以让这个阶段的孩子的感知觉、大动作以及精细的动作得到良好的锻炼和发展。4~5岁的孩子，可以玩建筑玩具、各类的拼版、插塑、木偶、套圈等游戏，这样的玩具可以锻炼孩子的空间想象力，提高了动手能力和表达能力。5~6岁的孩子可以玩装拆玩具、棋类、乒乓球等，进一步锻炼孩子的专心、耐心和细心，培养探索精神和动作操作能力，让孩子的思维力和想象力得到进一步的发展。

既然说玩是孩子的天性，那么玩具就是帮助孩子打开和认识世界的大门，它引导着孩子进入探索世界的天地。家长应该为不同阶段的孩子购置适宜的玩具来开发孩子的智力。当然，没必要去买那些高级、复杂的电动玩具，其实更适合3~6岁孩子的往往是那些没有固定形式的玩具，如积木。孩子通过不断地组合，能发现他所创造出的东西和生活中的某个物品很像——比如桥、楼房等，这样他就获得了感知。孩子通过玩具模拟再现生活是他了解自己周围的世界的形式，这个过程是不能逾越的，也不是通过你的说教能让孩子明白的，他必须亲自去感知，玩具则是给了他一个可以模拟的途径，这样他的感知会更直接更鲜明，智力发育也会更快一些。

为了更好地开发孩子的智力，也为了能节省一些银两，我们可以给孩子选择那些低成本的"玩具"，这样既不会降低孩子玩耍的质量，也能同样起到高质量的益智作用。比如：洗衣服的时候让孩子玩水，洗澡的时候让孩子观察什么玩具下沉什么玩具能浮在水面上，玩扑克的时候让他找相同数字的牌，包饺子的时候给他块面让他当橡皮泥……这些都能让宝宝认识事物，激发想象力和创造力。

平时多鼓励孩子自己动手制作玩具，家长也可以带头制作一些玩具。一些破布头、一些旧毛线、几张白纸，就可能创造出很多的东西。孩子不仅能获得成功的感受，增强了自信心，提高了动手能力和操作能力，也活跃了思维和创造力，探索精神和独立性也得到了培养，这也是一种极佳的方式。

孩子搞坏玩具也是一个普遍现象。当你看到宝贝正在破坏你花高价买来的玩具时，肯定会大发雷霆吧？这时候要冷静思考一下孩子破坏玩具的原因。一种情况是孩子无目的地破坏玩具，当玩具被损坏后，便弃之一边，不再感兴趣了。另一种情况是孩子想探索玩具里面到底是怎么回事，这是一种有目的的探索。对于第一种情况要尽量激发孩子爱护玩具的情感，同时尽量少给他买玩具，只有他达到你的某种要求时才作为奖励买给他，对于来之不易的东西，孩子才会格外珍惜。如果是第二种情况，家长可以加入到探索的活动中去，努力和孩子一起寻找答案，最后协助孩子修复好玩具，这样既保护了孩子探索的积极性，又教育了孩子要珍惜玩具。因此，见到孩子对玩具搞破坏时不要不分青红皂白地训斥孩子，也许你正扼杀孩子探索世界、勇于创造的潜能。多问问孩子，或许他将来能在你的引导下成为一个小小发明家呢。

专家妈妈贴心话

孩子对玩具往往"喜新厌旧"，新买的玩具玩不长时间就扔到了一旁，这时候你不用呵斥孩子，因为孩子都有这种倾向。你只要把他扔的玩具收起来，过几天再给他，他又会感到很新鲜了。

05

第五章
3~6岁，潜能开发的关键期

　　有的家长认为开发孩子的潜能就是让孩子多学知识，有的家长认为开发孩子的潜能就是多给孩子报兴趣班，还有的家长认为开发潜能就得控制孩子学习，少让他玩耍，其实，这些都是误区。孩子学习知识与潜能开发并不是相同的事情，潜能开发也不意味着一定要花钱上各种兴趣班，而很多潜能的发掘又恰恰是通过玩耍开发出来的。

　　不要以为孩子上了幼儿园，潜能开发的任务就是老师的了，一般来讲，潜能开发只是幼儿园工作中的一小部分。幼儿园的老师更需要忙的是如何让孩子不哭不闹不打架，保证孩子们的安全，还要教给他们一些知识。因此，不要过度指望幼儿园的老师，重要的开发者还应该是家长本身。

　　美国知名学者奥图博士说："人脑好像一个沉睡的巨人，我们平均只用了不到1%的大脑潜力。"人的潜能就像是一座巨大的宝藏，如果不被有意识地挖掘，那么它可能终身沉睡。如果一个人在6岁以前，他的潜能被发现并得到培养，那么，他的未来更容易突破平庸，也能产生更多的自我满足感。

那么，这个潜能指的是什么呢？就是指有待开发的还处于潜伏状态的能力。对于3~6岁的孩子而言，需要开发的能力有很多，比如：想象能力、创造能力、记忆能力、观察能力，等等。家长应该针对这些能力有意识地培养孩子的潜能，这些能力才是伴随孩子一生的最宝贵财富。

♥ 想象力比知识更重要 ✳

1968年，因为美国一位叫伊迪丝的3岁小女孩告诉妈妈，她已经认识礼品盒上"OPEN"的第一个字母"O"，她的妈妈就一纸诉状把孩子所在的劳拉三世幼儿园告上了法庭，理由是该幼儿园剥夺了伊迪丝的想象力。因为她的女儿在认识"O"之前，能把"O"说成太阳、足球、鸟蛋之类的圆形东西，然而自从劳拉三世幼儿园教她识读了26个字母，伊迪丝便失去了这种能力。她要求该幼儿园对这种后果负责，赔偿伊迪丝精神伤残费1000万美元。最后的结果出人意料：伊迪丝的妈妈胜诉了。

如果是中国的妈妈会怎么样呢？她很可能为3岁的孩子认识了字母而高兴不已，感谢幼儿园的老师教会了女儿"知识"。这可能就是在2009年的一项全球调查中，中国孩子的想象力排名倒数第一的重要原因。

爱因斯坦说："想象力比知识更为重要，因为知识是有限的，而想象力概括着世界的一切，推动着进步，并是知识进化的源泉。严格地说，想象力是科学研究中的实在因素。"想象力是智力的重要成分，聪明的孩子具有丰富的想象力。儿童如果缺乏想象力，就不能很好地掌握知识，缺乏创造力，也就缺乏开拓和创新的精神。

而我们这一代家长从小所受到的教育更多的是要顺从、听话，不鼓励有独立的见解，鼓励的是随大流、不能锋芒毕露，不要冒尖。因此，我们的教育文化和社会文化已经为想象力的发展制造了一个固定的界限，个人最好不要逾越，最好给老师和家长固定的答案，那些荒诞不经、个性化十足的答案只会受到压制和打击。这样的社会文化和教育文化传承下来，同样影响着现在新一辈的孩子。

　　相信吗？孩子的想象力也许正在被你扼杀！

　　当孩子兴冲冲地举着捏好的饺子面团说："妈妈，你快看我捏的苹果！"你是否根本没搭他这茬儿，而是盯着他满手和满身的面说："再弄看我不揍你！"

　　当孩子得意扬扬地拿来他的画作让你欣赏，你是否撇撇嘴说："这是什么呀？是人还是怪物啊，拿回去好好画！"

　　当孩子画画的时候，你指着他画的花朵说："哪有绿颜色的花？涂个靠谱的颜色好不好？"

　　当你问孩子：雪化了会变成什么，孩子回答说：会变成春天。你是否会因为孩子没有回答"水"这个"正确答案"而生气地骂他笨？

　　……

　　成年人的思维定势、对孩子想象力的否定和批评、所谓的"固定答案"，这些因素都是让孩子想象力的翅膀刚刚翱翔起来就被残忍折断的罪魁祸首。

　　作为家长，我们应该如何保护孩子的想象力，激发孩子的想象力潜能呢？

　1. 让孩子尽可能开阔眼界

　　想象力是需要素材的，那就是生活中大量的事物积累。如果在孩子很小的时候你不怕麻烦经常带孩子外出，让孩子多见世面，并且鼓励孩子多做全面而细致的观察，那么孩子头脑中接受的信息就非常广泛而丰富、开阔而深刻。

2. 给孩子多讲故事

6岁前的孩子一般识字不多，很少能进行主动阅读，因此，间接为孩子提供生活素材的方式主要靠家长给孩子讲的故事。平时可以多给孩子买一些配以优美图片的故事书，注重睡前讲故事，这样可以通过语言的描述使孩子在头脑中进行再造想象。还要让孩子学习复述故事，或者将故事讲到一半，让孩子去想以后的故事是如何发展的，这些都会促进孩子想象力的发展。

3. 让孩子多画画

画画是培养孩子想象力的方式之一。这里需要强调的是，对于6岁之前的孩子来说，画的像不像不要紧，重要的是要看他的画中有没有他自己的意愿、想法、爱好和生活经验，也就是说，要看他是否将自己头脑里的"生活素材"充分地而又充满感情地表达出来。关于如何引导孩子画画，在我的《0—3岁，妈妈不可不知的育儿心理学》中有详细的介绍，可以用以参考。

4. 让孩子多做游戏

游戏是3~6岁孩子主要的生活内容，在游戏中也可以培养和激发孩子的想象力。3~4岁阶段的孩子容易玩模仿生活场景的游戏，如在超市里买东西、过家家等。在玩具不够充足的情况下，孩子可以利用想象来弥补玩具的不足。4~5岁阶段的孩子不再单纯重复成人或年长的孩子提出的主题，而是通过自己的构思来加以补充。家长可以通过让孩子填充故事的剧情、完成缺少局部的画面构图等来锻炼孩子的想象。5~6岁的孩子已经开始有丰富的联想和想象力，可以通过让孩子自编故事或者猜谜语来培养孩子的形象思维能力。

5. 和孩子一起做"白日梦"

如果家长能和孩子一起做"白日梦"，那么孩子的想象力会更丰富，实际上也就是为孩子创造了一个想象的自由环境。如你的女儿对你说："我真想有一辆粉色的汽车呀！"你不必和她讲为什么家里不能买一辆粉色的汽车，而只是和她共情就可以了："看来你很希望有一辆属于你自己的粉色汽车呀。有了这辆汽车后，你要干什么呢?"女儿可能就此沉浸在她的想象中，她将驾驶着这辆粉色的汽车去公园、去姥姥家或者去云彩上，你就同她一起想象好了。在这种志同道合而又充满自由的状态中，孩子的想象力会得到充分的发挥。

专家妈妈贴心话

3～6岁阶段的孩子经常把想象的事物与现实的事物相混淆。如一个孩子看到另一个孩子正在玩一个小飞机玩具，他可能会说:"我家也有一个飞机，有电视那么大!"当你看到这种情形的时候，不要斥责孩子撒谎和说大话，这样不仅会伤害孩子的自尊，还会影响孩子的心理健康，那只是孩子的想象而已。你可以在和孩子独处时说:"你是不是希望自己有架大飞机呀? 如果你将来能当上宇航员啊，不仅可以坐上飞机，还能坐上宇宙飞船去月亮上呢!"这样不仅保护了孩子的想象力，让孩子分清了现实和想象，说不定还能潜移默化地让孩子树立了远大的理想。

♥尊重孩子不拘一格的创造性玩法

生活中常常会看到这样的现象:妈妈给孩子买来了新玩具，孩子兴冲冲地跑过来要玩，结果妈妈赶紧制止说:"这个玩具有它的玩法的，妈妈先给你示范一下，你学着点!"孩子只好眼巴巴地看着妈妈示范，等到孩子亲自动手操作的时候，妈妈在旁边不时地说:"哎呀，不对，是这样的，你看我的!"搞得最后孩子对自己没有了信心，不想玩了。

难道玩玩具还有"标准答案"吗？难道妈妈的做法就是对的，而孩子玩玩具的做法都是错的吗？孩子不论怎么玩玩具，只要有兴趣，他就会全神贯注，不断去探索，尝试种种玩法，直到自己感到心满意足。而在这个过程中，孩子积累了宝贵的经验，掌握了事物的规则，对自己研究出来的结果，给了孩子成就感和自信心。这个过程就是孩子发挥创造力的过程。而如果家长在孩子探索的初期就给予了固定模式的限制，在孩子的操作过程中又不断地指指点点，无疑是对孩子创造力和发散思维的制约和扼杀。

创造力是指人们在学习和工作中，能够运用独特的思路和方法找到问题的答案和解决问题的途径。现代心理学认为，一个人的创造能力相当于他的知识量与发散思维能力的乘积。发散思维能力是指从多角度去思考、探索问题，寻求多样性解决方案的思维，是创造性思维的一种形式，具有思维的流畅性、变通性、独特性和灵活性的特点。

那么，3～6岁孩子的创造力和发散思维该如何培养呢？

1. 要鼓励孩子敢于与众不同

独特性和开创性是创造力的主要特征。但是我们在现实生活中，常常看到很多孩子都是人云亦云，这都是缺乏思维的独立性和创造性的表现。因此，家长如果想培养孩子的创造力，首先要培养孩子具有创造性的人格特征，鼓励孩子发表自己的意见，敢于与众不同。当孩子提出："妈妈，我认为这个事情不是你说的那样……"你要像对待一个成年人那样去尊重他的意见。只有在家里经常得到家长的鼓励，孩子将来在其他场合才能敢于畅所欲言。

2. 多使用开放式的提问

平时家长可以就一些生活上的常见现象提出一些问题，对孩子进行发散思维能力的培养，如"衣服都有一些什么用处呢？""如果你在超市和妈妈走丢了，你该怎么办？""你说菲菲今天没有上幼儿园啊，你想想她为什么没来呢？"长期这样锻炼下去，每当孩子遇到新情况的时候，他就会从很多方面去考虑问题；遇到新的东西，也会不由自主地想象它的多种用途，并且主动去开发它的新用途；遇到困难，他也会从很多角度去思考如何解决这个问题……这样下去，孩子的创造性就能不断得以提高了。

3. 促进孩子动手操作和想象创造

心理学的研究成果表明，手指的活动可以极大地刺激大脑皮层中的手指运动中枢，继而激发大脑里存在的一些富有创造性的区域，这就是人常说的"心灵手巧"。家长应该给孩子提供活动的空间和多种材料，让孩子有充分的时间去自由地想象和创造。如买一些五颜六色的纸，让孩子随意地撕成条、块，还可以用这些撕好的图形自由地拼凑出房子、裙子、汽车等图案。还可以用废弃的报纸让孩子设计服装衣帽，之后穿在身上等。

4. 图形想象活动

平时可以问孩子什么东西是圆的，鼓励孩子想出各种圆形的物体，或者一些不规则的曲线像什么，让孩子大胆说出想象后的各种事物，这也是发散思维的培养方法。

5. 词汇游戏

在孩子睡觉前、接送孩子上幼儿园的路上以及周六日闲暇的时间里，可以和孩子玩词汇的游戏，如你说一个"蓝"字，让孩子自由去组与"蓝"有关的词汇，像蓝天、蓝精灵、蓝色等。你也可以说个水果的词，之后让孩子说出水果都包括哪些，在规定的范围内让孩子自由联想。这样的锻炼也有利于孩子思维的发散。

最后需要强调的一点是：发散思维能力只是创造力的一部分，要想让孩子的创造能力强，还需要有一定的知识量，两者需要有机地协调起来。

孩子在3~6岁的时候，随着探索精神的加强，相对应的创造力和破坏力也随着加强，他们可能为了研究花盆里的花而把花整个揪出来，或者把一个闹钟砸开看看里面到底是什么在滴滴答答地响……为了制止孩子不再搞破坏，家长会通过很多方法约束孩子的行为，这也会同时将孩子的好奇心和创造力一同淹没了。最好在保证孩子安全的情况下让孩子自由去探索，如果孩子将玩具破坏，鼓励他们把玩具重新装好，当孩子对某些问题产生了疑问，也鼓励他们动手去做实验来找出问题的答案。这样才能保护孩子的创造力而不是让孩子的创造潜能就此窒息。

♥尊重孩子的记忆特点来进行训练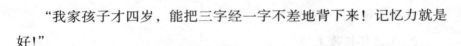

"我家孩子才四岁，能把三字经一字不差地背下来！记忆力就是好！"

"哎，我家的孩子啊，教他好几遍的儿歌，他总是背不下来，是不是孩子的记忆力不好啊？"

上面两个家长所反映的不同情况，真的就代表第一个孩子记忆力好而第二个孩子的记忆力就一定不好吗？

记忆力是人进行智力活动的基础。一般来说，记忆力好的孩子反应比较快，也比较聪明。因为他们常常能较快地把所见、所讲、所做、所想的事情，储存在大脑里并加以巩固，日后在需要的时候，能迅速地从大脑里提取（回忆）已有的知识，进行分析思考、判断推

3~6岁
妈妈不可不知的
育儿心理学

理、解决问题。用直白点的话来说，就是大脑里即便曾经拥有很多知识和经验，但是如果不被记忆，在使用的时候还是一片空白，就好像吃了很多有营养的东西，但是没有被吸收，全都排出去了一样。所以，记忆力发展的强弱确实影响孩子的智力发展水平。

要想开发孩子的记忆潜能，家长应该懂得3~6岁孩子的记忆特点，针对这些特点去做有的放矢的开发。

1. 机械记忆强于理解记忆

有些孩子虽然会背诵很多古诗，像前面说的那个孩子，小小年纪能把整个三字经都背下来，但是他们的理解能力有限，在更多情况下，他们只是一种机械记忆而已。即便是现在能背下来，但是过一段时间可能就会忘记。因此，孩子会背一些东西并不能说明什么，而一些孩子背不下来，也不一定就说明孩子的记忆力不好，或许与家长的教育方法不对头有关。在这种情况下，家长要避免过度让孩子进行机械记忆，要知道，让孩子在不懂得含义的情况下认识几百几千个汉字和认识几十个汉字在本质上是没什么区别的。死记硬背只能降低孩子学习的兴趣，使记忆力滞缓发展。当然，更要提防不要让机械记忆成为孩子将来记忆的习惯，记忆要建立在理解的基础上才能记得深刻而牢固。当孩子学习古诗或者汉字时，家长要运用图画、做动作等方式，让孩子理解所学的内容。

2. 无意记忆为主

有些妈妈有时候会为孩子的记忆力强而感到惊讶，比如说周一的时候你答应孩子周六去动物园，等到周六的时候你忘得一干二净了，可是孩子却记得清清楚楚的，一大早起床就会告诉你以前你曾答应过他的这个事情。或者头一天你随口答应第二天孩子从幼儿园回来的时候你给他买一个棒棒糖，当你接他的时候，他第一句话就会是："我的棒棒糖呢？"保准记得特牢！难怪有些妈妈有时候会嗔怪孩子："你就记得吃和玩！"可是既然孩子记忆力这么好，为什么你教他简单的加法到现在他还搞不清楚呢？这是因为这个年龄阶段孩子的记忆是以无意记忆为主、有意记忆为辅，有意记忆已经萌芽，他们常常会根据那些特殊的、新鲜的刺激进行回忆。因此，家长可以经常向孩子提示那些共同经历的有趣的事情。如带孩子去动物园之后，就可以在日后提醒孩子："小猴子什么地方红红的？""老虎当时在吃什么东西？""狼长得和什么动物比较像？"帮助孩子回忆，提高孩子记忆的准确性。平时家人在外出的时候，也可以把自己所见到的有趣和开心的事情讲给家里人听，或者让孩子把发生在幼儿园的事情或者动画片的故事讲给大家听，也可以事先委托孩子，让孩子帮忙记住一件要做的事情，让他在特定时间提醒你……慢慢地，孩子的记忆更有目的性、自觉性了，记忆的有意性也大大提高了。

3. 形象记忆强于抽象记忆

虽然抽象记忆已经在这个年龄阶段的孩子身上逐渐呈现，但是孩子这个阶段的记忆仍以形象记忆为主。因此，要想让孩子记忆得更牢，一定要帮助孩子将抽象的事物具体形象化。如你在教孩子《咏鹅》这首诗的时候，可以像鹅一样伸长脖子来给他讲"曲项向天歌"的含义，在讲到"红掌拨清波"的时候，也可以用两只手假装成鹅的两个脚掌……让孩子一边背诵这首诗，一边表演动作，把自己想象成一只在水里游泳的鹅，这样，孩子在理解了含义的情况下，才能记忆得很深。

4. 游戏记忆强于枯燥记忆

游戏是孩子最喜欢的活动方式，在游戏中记忆，孩子才不会感觉枯燥乏味，在游戏中记忆，孩子才能在快乐的心情下记得更牢更扎实。平时可以和孩子玩玩"看谁记得多"的游戏，提高孩子的观察和记忆能力，先让孩子看几个摆好的玩具，之后你将玩具更换地方，让孩子指出哪些玩具变换了位置。还可以给孩子讲系列故事，在讲当天的故事之前，让孩子回忆前一天讲的故事的大概情节，这样不仅可以调动孩子听故事的积极性，还能增强了孩子的记忆力。

有的妈妈辛辛苦苦教孩子认识了一些字，但是不久孩子就全都忘记了，懊恼的妈妈要孩子每个字抄写20遍来增强记忆，也有的幼儿园老师用"重复"的方式来让孩子学习新知识。她们认为重复的次数越多，孩子就记忆得越牢。这其实是一种误区，虽然记忆需要重复，但是过度的、近乎暴力的重复只能让孩子对记忆的内容感到厌烦，从而破坏了孩子记忆潜能的发展。

♥培养观察力，家长要搞清谁是主体

　　为了培养孩子的观察能力，依依妈真是煞费苦心，这个周末去植物园，下个周末去动物园，只要看到一株植物或者一个动物，都不停地告诉依依："你看啊，这个叫……"没过一会儿，又拉着依依的手让她观察："依依，你注意看这个动物……"依依妈累得满头大汗，可是依依却兴致不高，看了一会儿就想回家了。

　　依依妈很困惑，她是个很爱学习的妈妈，在看了很多育儿资料后意识到培养观察力对孩子是十分重要的，因为在一个人的学习活动中，有70%的信息都是通过视觉获得的。如果孩子的观察能力不强，将来在学习活动中会遇到很多困难。因此，她才如此辛苦地带依依到处看，培养依依的观察能力，恨不得将自己知道的知识一股脑儿都告诉给她。可是，为什么依依没有表现出足够的热情呢？

　　确实，良好的观察力能让孩子更好地认识这个世界，帮助他们在现实环境中认准目标，对孩子的整个智力发展以及个性形成有很重要的作用。但是，兴趣是孩子学习的原动力，能吸引孩子去细心观察的事物，一定是孩子感兴趣的事物。家长在引导孩子观察的时候，一定要尊重孩子的选择，让孩子成为观察事物的主体，家长可以在孩子感兴趣而发问的基础上做以讲解，或者与孩子共同确定观察的对象，切不可像依依妈那样以自己为主体，强迫孩子去观察，这种知识的强加当然会让孩子感觉疲倦并且了无兴趣。

那么，平日里，家长还应该怎样做才能更好地开发孩子的观察潜能呢？

1. 把握孩子的观察特点

3～4岁孩子观察的目的性较差，行动比较随意，常常是东瞧瞧、西看看，容易被一些无关的事物所吸引，而且他们的耐心有限，因此，观察的时间不宜过长，以免降低他们的兴趣，家长可以用语言来刺激他们的观察兴趣。4～5岁孩子的观察方向性有所增强，家长可以给他们提一些合适的建议、任务来引导他们观察。5岁以后，孩子能按照自己的兴趣来提出观察的目标，这时候家长要给予及时恰当的评价和鼓励来激发孩子的观察兴趣。

2. 设置观察的"悬念"

为了激发孩子的观察兴趣，事先可以设置"悬念"来吊吊孩子的胃口，从而大大激发孩子的探索欲望。如依依妈在去动物园之前，可以对依依先描绘动物园里的有趣动物，如"猴子屁股红红的""大象的鼻子长长的"等，让孩子对动物园里的动物的特点有个简单的了解，之后去动物园的时候依依就会去寻找动物身上相关的特点。平时去朋友家做客的时候，也可以事先将朋友家有特点的东西提示给孩子，如"王叔叔家养了一只猫，不知道它喜欢不喜欢和你玩"。孩子没等去王叔叔家，就会对他家的小猫感到好奇，到了他家也会认真地观察这只小猫。

3. 尊重孩子的独特视角

6岁前的孩子，大多数要经历一个观察的敏感期，这个阶段，孩子关注的往往是那些被成年人所忽视的微小事物。如成年人看一个人会看这个人的整体，如脸庞、服装等，可是孩子有可能被这个人身上的纽扣所吸引，或者目光紧紧盯在这个人的围巾边的绣花上。当孩子很投入地去观察这些事物时，家长不应该去打扰，更不应该给予否定和责怪。如果想让他观察得更多，应该在给予认可之后再去引导孩子的注意力转移到其他事物上。

4. 鼓励孩子调动多种感官来观察

人们所获得的信息大部分是通过视觉、听觉输入大脑的，当然还有嗅觉和味觉的功劳。因此，要走出观察只是用眼睛来看的误区。如果想要让孩子全面地感受事物，不仅要看，还要引导孩子去听、去闻、去触摸，多思考，促使听觉、视觉、触觉协同活动，提高大脑的综合分析能力，使观察更为全面和准确。如一个孩子看到其他小朋友家的一盆花，很可能会说这花开得比我家的大——他只从整体上看到了大小的不同。这时候你可以进一步引导他："闻闻花的味道一样吗？摸摸花瓣和叶子，看看和家里的有什么不同呢……"在这样的引导下，孩子才会意识到这是两种完全不一样的花，花开的大小只是不同的一个方面而已。

5. 教会孩子观察的方法

在孩子观察的时候，家长还可以教给他们一些具体的观察方法。比如引导孩子先看什么、后看什么，根据不同的事物，由远到近，由简单到复杂，由局部到整体，有顺序、有步骤、有系统地观察。还要提醒孩子抓住事物的特征，学会比较事物之间的区别和联系。从对某一类事物观察升级到几类事物之间的观察，循序渐进，慢慢地，可以提高孩子的观察能力。

4～5岁孩子已经有了一定的观察基础，为了培养他们的观察乐趣，可以给他们购置一个放大镜来增添观察的乐趣。当他们看到日常生活中司空见惯的事物在放大镜下面会显示出另一番景象时，他们的观察欲望一定会得到极大的激发。

♥思维力差，孩子的智力就差 ✳

当孩子搬过一把椅子站在成人的洗手盆前来洗手；当孩子懂得将苹果、桃子、葡萄等归纳为"水果"；当你给孩子讲乌鸦喝水的故事时，孩子向你提问："为什么乌鸦不端起瓶子喝水呢？"……这些情况，都在表明孩子的思维在活跃地发展。

思维是大脑对外界事物的信息进行复杂加工的过程，分析、综合、抽象、概括是抽象思维的基本形式。思维是一个人心理发展的最高阶段，是人脑对客观事物的本质和事物之间的内在联系的认识，因此，可以说，思维是智力的核心，思维能力是人走向成功的重要智力因素。

大多数孩子的思维是在一岁半左右开始形成，明显的特征是他们开始利用外在的工具来解决问题。如他们抓住你的手让你帮他够他不能够到的东西，或者拿一个小棍去碰一只蜜蜂。当孩子能够熟悉地运用外在的工具来解决自己的问题时，这标志着孩子的思维已经产生了。

有的家长认为孩子的思维是自然而然地出现并且顺其自然地发展

的。其实不然，任何潜能都遵循潜能递减定律，只有在开发潜能的最佳期进行开发，孩子的潜能才能最大程度地发挥出来，一旦错过这个最佳期，日后即便是再付出努力，也只能是事倍功半。3~6岁，正是孩子思维潜能开发的关键期，因此，家长一定要把握好这个事半功倍的时期。

要做好孩子的潜能开发，我们应先了解3~6岁孩子的思维特点。这个阶段的孩子，他们的思维活动离不开动作和语言。对于那些3~4岁孩子来说，如果不让他们动手去摆弄玩具，或者边摆弄玩具边自言自语，他们是不会靠坐在那里思考就能想象出如何玩这个玩具的。因此，3~4岁孩子的思维主要靠动作，动作在先，语言在后，语言是对行动的总结；对于4~5岁孩子来说，他们一般是一边行动一边说话，语言总结着每一步的动作，又为下一步动作做计划；对于5~6岁孩子来说，他们的思维主要靠语言进行，语言在先，行动在后，他们用语言计划行动，用动作实现计划。可以先说出自己想要做什么和怎么做，并且能真正按自己的讲述去行动。

把握了各个阶段的思维特点之后，家长就可以科学地激发孩子的思维潜能。对于3~4岁孩子，不要过分要求他们的表达能力有多强，而应该多鼓励他们行动，可以在旁边提示他们："你在做什么呀？""为什么做这个呀？"对于4~5岁孩子要鼓励他们边做边说，例如孩子在玩"过家家"的游戏时，可以引导他们思考并且回答："谁来当爸爸呀？爸爸的工作是什么呢……"对于5~6岁孩子，可以在做事情之前鼓励他们说出自己的计划和想法，并且在行动中引导他们不断思考，更好地完成自己的计划。

除了要尊重孩子的思维特点进行阶段性开发潜能之外，我们还要培养孩子广阔、深刻、灵活、敏捷的思维能力，这对提升孩子的智力水平是极为重要的。应从以下几个方面做起：

1. 丰富孩子的感知觉材料

思维需要在感性材料的基础上才能进行，思维的变通不是凭空而来的。因此，家长应该平时多带孩子去"见多识广"，让孩子通过感知觉获得大量生动、具体的感性知识。

2. 引导孩子多角度观察同一事物

引导孩子多角度观察同一事物，有利于培养孩子灵活和敏捷的思维能力。如在观察一只乌龟的时候，可以让孩子从前面、后面、侧面、上面等不同角度观察，使孩子获得多种表象认识。对于同一件事物，也要引导孩子多方面考虑它的作用，如问孩子"生活中哪些地方都会用到纸？""铅笔除了写字之外，还能有哪些用途？"这样的训练能使孩子乐于、敢于、善于"求异思维"。

3. 注意提问方式

家长的提问方式也是训练孩子思维灵活的关键因素。平时要忌讳问："你看这个像不像×××？"这样的"引导"只会让孩子的思维顺着成年人的思路去走，制约了他们的思维。如果问"你看这个像什么？""还有什么用？""你有什么不同想法？"等，就会引发孩子独立思考。

4. 锻炼孩子的思维转换能力

思维能力主要体现在解决问题方面。但是幼儿阶段的孩子的思维不太会拐弯，认死理，不开窍。可以通过一些游戏来训练孩子的思维转换能力。比如，可以经常问他"爸爸的妈妈叫什么？""我的弟弟你叫什么？""谁和我管一个人叫妈妈？"等类似脑筋急转弯的问题。

5. 让孩子学会逆向思维

3～6岁是孩子逆向思维发展的重要阶段，3～4岁是起步阶段，4～5岁是关键阶段，5～6岁是发展阶段。3～4岁的孩子思维比较散漫，没有目的性，可以和孩子玩"说上指下"的游戏；4～5岁孩子有了初步的概括能力，能进行简单的判断和推理，可以将物品藏起来，让孩子来找，这样可以锻炼孩子从各个角度考虑同一个问题；5～6岁孩子的理解能力和抽象逻辑思维能力有了一定发展，他们能发现不同事物之间的共性，并根据这些特点来分类和概括。家长平时可以给孩子一些概念，如"树""鸟""植物""动物"等，让孩子去思考"每个概念都包含什么东西？这些东西的共性是什么？还可以有多少种归类？"等等。

专家妈妈贴心话

　　人的思维是通过语言来表达的，因此语言能力在一定程度上决定了思维的流畅性。要想让孩子的思路通畅、反应快，能在较短的时间内表达出较多的想法，语言的能力是要首先培养的。平时里家长要有计划、有意识地多和孩子交流，如正在修建的马路、季节的变化、节日的缘由、幼儿园的事情等都是说话的内容。思维的内容必须经过组合后，再通过语言来表达。锻炼久了，孩子能想什么说什么，思维不受限制，表述时就会流畅许多。

♥ 以童心才能发现孩子的好奇心

　　3岁的芒芒喝水的时候不小心将水洒在了玻璃茶几面上，她发现水痕映出来漂亮的颜色，比以前黑黑的茶几台面漂亮多了，她不禁用手涂抹起这些水来，随着水痕的增大，水痕反射的颜色开始增多……这是一个3岁孩子眼中的世界。

　　但是在有些妈妈眼中，孩子正在干着破坏的勾当，竟然不讲卫生，用手在茶几上玩水，不像话！于是大声训斥孩子，甚至强行把孩子从茶几边拉过来，可能还会把孩子弄得哇哇大哭。

　　聪明的妈妈会过去问问孩子在干什么，不会以成年人的眼光去看待孩子，当明白孩子有了新发现而在不断探索的时候，她可能会帮孩子往茶几上倒更多的水来观察，并且告诉孩子反射的道理。之后让孩子自己擦干桌子。

　　这就是两类家长对待孩子好奇心不同的区别。第一类家长在扼杀孩子的好奇心，连同求知的欲望也一同扼杀了，第二类家长小心地呵护了孩子的好奇心，让孩子明白了更多的知识。试问：这两类家长培养出来的孩子未来能一样吗？

　　好奇心就是人们希望自己能知道或了解更多事物的不满足心态。一个人能得以不断地成长，很大原因是因为有好奇心的存在，好奇心是知识的萌芽，那些成大家的科学家、艺术家或者其他领域的杰出人物几乎都是好奇心很重的大孩子、老顽童。好奇无疑是成功的重要特质之一。

　　大教育家苏霍姆林斯基在谈到好奇心的时候曾说：人的内心里有一种根深蒂固的需要——总想感到自己是发现者、研究者、探寻者。可以说，好奇心是人的天性。3岁之后的孩子，对周围的事物都会有浓厚的兴趣，好奇心很强，总爱问"为什么"，作为家长，你是否满足和保护了孩子的好奇心？当孩子的问题多了以后，你有没有不耐烦或是冷漠地对待孩子的好问？当孩子为了搞清楚洋娃娃为什么会说话而把它"大卸八块"之后，你是否责怪甚至打骂孩子？

　　好奇心越强的孩子，求知的欲望越强烈。但是如果好奇仅仅停留于好奇，没有及时供给好奇心以"养料"，缺乏认识的乐趣，那么孩子的求知兴趣就会熄灭。聪明的家长应该及时利用宝宝的好奇心，让宝宝的好奇心再进一步转换成学习与探索的动力。具体来说，家长可以注意以下几项：

1. 做孩子积极探索的榜样

　　如果家长本身青年的朝气早已消失，前进不已的好奇也已经衰退了，那么生活就会失去色彩，对待周围的事物也会显得很冷淡，看待孩子的好奇心时，不会有什么感觉甚至觉得很多余，这样的情况下，孩子的好奇天性就会在无形中受到压制。因此，让自己回归童心，去探索自己一直不知道的答案，做一个勇于进取、不断创造新生活的人，才能给孩子做好榜样，也才能去尊重孩子好奇心的价值。

2. 尽可能去满足孩子的好奇心

孩子对某些事物产生了兴趣时，一定要满足孩子的好奇心。比如：孩子对电视遥控器发生了兴趣，与其怕他弄坏将遥控器东躲西藏，不如手把手教他如何使用这个遥控器，满足他操作的好奇心，这样也便于孩子积累生活的经验。

3. 不要以成年人的思维去约束孩子

当孩子问"那是什么""为什么"的时候，也许答案再简单不过——但是，那是以你成年人的经验去看的。不要显出不耐烦的样子，也不要敷衍或者讥笑孩子。遇到孩子搞"破坏"的事情，千万要先问问孩子为什么，不要一厢情愿地认为孩子在故意捣乱，事实上，孩子的出发点都是好的。

4. 让孩子按自己的方式玩耍

看到孩子非"常规"的玩耍，如把刚搭好的积木房子一下子推倒，你不要走过去告诉他所谓的"正确玩法"，也许孩子在听积木倒塌时候的声音，看看积木都朝着哪个方向倒去，你的好心"纠正"反而影响了孩子的探索和好奇心。孩子无论怎么玩都有他的道理，只要保证没有危险，就不要打扰和干涉他。

5. 鼓励孩子动手尝试

孩子的操作始于对事物或现象的好奇。因此，有意识地鼓励孩子动手尝试，如"试试磁铁能吸到什么？""小汽车在不同斜面上的车速是一样的吗？"等，使孩子对事物产生兴趣，从而引发操作欲望。当孩子操作时，也可以用"你发现了什么？""你能想到这些，你真棒！"等鼓励话语，来激发孩子进一步操作的兴趣。

专家妈妈贴心话

平时在家里可以陪孩子种植小植物、饲养小动物，做各种简单而有趣的小实验来增强孩子的好奇心和满足孩子的求知欲望。在积极玩耍、主动探索的过程中，孩子可以观察到各种现象，不断发现各种问题并且积极思考。

♥语言能力差，潜能开发慢 ✳

"宝宝，快叫大姑父！"家里来了客人，妈妈赶紧把孩子叫过来让他打招呼。

"大咕噜！"孩子一开口便逗得大家哈哈大笑。

相信这样的生活场景经常会发生在年纪小的孩子身上，他们因为语音不准，常发出含糊不清的"逗人"话，有些家长感到很好玩，并不纠正孩子的发音，不仅对孩子的"含糊话"表示认同，甚至还笑着重复这些"含糊话"，结果使孩子不能清楚、准确地表达自己的思想，影响孩子运用语言与他人进行交流，阻碍孩子语言能力的发展。

语言能力对于孩子的重要性是众所周知的，良好的语言能力不仅是孩子与外界沟通的主要工具，也是衡量儿童大脑潜能开发的重要指标。对孩子的语言潜能开发在孩子0～3岁时就应该进行了，但是3～6岁同样也是非常重要的阶段。

要想让孩子的语言能力强，首先在孩子学习说话的时候，尽量不要用孩子常使用的叠词，如"猫"就是"猫"，不要教孩子"猫猫"，一就是一，二就是二，不要使用家乡方言，尽量要使用普通话。除此之外，还应该注重语轻、语重、语速和语言节奏的掌握。

有的家长发现，自己的孩子总是"大舌头"，就像前文中所说的那样，明明是"大姑父"，他能念成"大咕噜"，发音经常出错，纠正了很多次也很难改变。还有的家长发现自己的孩子在说话时，总是吞吞吐吐的，"然后……然后"个没完，半天才接到下句上。难道孩子结巴？

如果孩子的口齿不够伶俐，一般有两个原因：发音问题和词汇量贫乏问题。

发音不准确的问题，这是由孩子的发音器官的成熟度决定的，3～4岁孩子由于语言听觉分化能力比较差，还不能清楚地分辨语言的细微差异，因此，要注意对孩子听力能力的培养，以听音和发音为主；4～5岁孩子已经能比较准确地发音，这时候可以学习绕口令来帮助孩子区别近似音，念准平翘舌音。5～6岁孩子不仅能清楚地咬字吐词，还能灵活地处理声调，对于这个阶段的孩子，可以培养他们用准确、恰当的语气语调来进行表达。

有些幼儿阶段的孩子在描绘事情的时候总是结结巴巴、吞吞吐吐的，或者老调重弹，或者拖泥带水的，这种情况一般不是孩子结巴，而是因为掌握的词汇量贫乏所致，这直接影响了孩子的语言表达能力。因此，家长要在平时生活中随时随地让孩子丰富词汇、理解词义。如仰望大树时，让孩子理解"又高又大"，坐公共汽车的时候，让孩子感觉"拥挤"。还可以和孩子玩"反义词"的游戏，增加孩子的词汇量。对于不同年龄阶段的孩子的认知情况，也要按照由简单到复杂的过程来培养孩子的词汇量。3～4岁孩子认知有限，可以教他一些常见物品的名词、一些常用的动词、简单的量词、重叠的形容词（如胖乎乎、亮晶晶）；4～5岁孩子，除了继续丰富名词之外，还可以大量地丰富一些动词、形容词以及量词，还可以丰富一些副词（如刚才）；5～6岁孩子在不断掌握实词的基础上，还需要学习一些虚词（如接着、不大一会儿），也可以加强近义词、反义词的训练。

当孩子因为语言的表达能力欠佳，难以用话语来表达时，他们会用肢体语言来表达自己想说的话，这也符合这个阶段孩子喜欢模仿、喜欢表现的年龄特点。肢体语言也是一种语言方式，家长应该读懂孩子的肢体语言，并给予准确的语言回应，或者偶尔也用肢体语言来与孩子进行沟通，缩短与孩子之间的距离。平时，家里也可以玩一玩"哑剧表演"，让孩子学学动物的样子让别人来猜，或者学学周围有动作特征的人让其他人猜是谁，充分发挥孩子的想象力和创造力以及艺术表现力。如果孩子对此非常感兴趣，将来没准会成为表演明星呢。

专家妈妈贴心话

3~6岁的孩子在语言方面有个独特的现象，那就是爱自言自语，这是孩子语言发展中正常的自然现象。有时候孩子在玩的时候会自说自话，这反映了孩子所具有的行动思维向着具体形象思维发展，也反映了孩子解决问题的思维过程。有时候孩子缺乏小伙伴，也常常会用自言自语来进行表达，针对这种情况，家长应该创造条件让孩子多与其他小伙伴交往与交谈。随着思维能力的不断发展，孩子到了七八岁的时候，自言自语的现象就会逐渐消失。

♥故事——开发孩子大脑的重要手段 ✳

晚上，拉上厚厚的窗帘，点上一盏橘黄色的台灯，孩子和妈妈依偎在床上暖和的被窝里。这时候，妈妈开始慢悠悠地讲故事了，孩子由清醒到进入故事的境界再到甜甜入睡，头脑里闪现着故事中的镜头和片段以及妈妈优美的声音，这将成为孩子一生的美好印记。

给孩子讲故事是3~6岁孩子的父母常做的一件事，这对孩子是非常有利的。孩子大脑内侧的边缘系统主要掌管人类的喜怒哀乐各种情绪，当孩子听故事的时候，这个边缘系统就会非常活跃，孩子的喜怒哀乐等情绪因此跟着生成和发展，这对于儿童的情绪控制和脑部智力发育也起到良好的作用。听故事还能促进孩子记忆力、想象力的发展，更深入地认识这个社会。由于接触语言，也能促进孩子口语和书面语言的发展，进一步培养孩子的阅读能力和对文学作品的兴趣。因此说，给孩子讲故事，对孩子是非常有必要也是非常有好处的。

对于不同年龄阶段的孩子，家长讲故事的内容是不同的，3岁孩子津津有味看的故事书并不一定适合5岁的孩子，而5岁孩子看的书，3岁孩子可能也无法接受。因此，给孩子讲故事的前提是要给孩子选好适合年龄的故事书。

3～4岁孩子理解能力有限，喜欢以动物和人物为主人公的童话，内容应该更贴近他们的生活。家长可选择一些讲述生活常识、规范幼儿行为以及与幼儿园相关的故事，篇幅短小，情节简单，词汇尽量口语化；4～5岁孩子喜欢善恶分明、富于想象力、内容圆满欢乐的故事。家长可以给孩子讲一讲民间传统故事，让孩子体会中华的优秀文化，也可以讲一些国外著名的童话故事，延伸孩子的经验，刺激孩子的想象力；5～6岁孩子开始对大自然很感兴趣，可以给他们看看科普类的画报，也可以给他们讲讲中篇的故事以及历史传记等。

那么，我们家长应该如何利用故事来开发孩子的各方面潜能呢？

1．鼓励孩子提问

孩子经常在妈妈讲故事的中间打断问"为什么"，有时候搞得妈妈很恼火："妈妈讲故事的时候不要插嘴！"结果孩子有很多疑问，越来越兴趣不高，渐渐不专心听妈妈的话了。妈妈感觉也很挫败，自己白费口舌讲了很多，结果孩子没听进去多少，最后你问他都讲了什么，他什么内容也说不上来，明显是没认真听呀！

其实，妈妈要改变这种"我说你听，我问你答"的讲故事形式，要知道，讲故事的过程中自己不是主体，只是一个引导者。如果自己只顾向孩子灌输某个道理，或者只是关心孩子记住了多少故事内容，不顾及孩子的需求、不去解答孩子的疑问，孩子由于认知上不足，就不能更好地理解和欣赏故事。

因此，对于讲故事过程中孩子的提问要及时解答，或者讲一段故事之后问问孩子有什么不明白的，在讲完整个故事后也要引导和鼓励孩子提出问题。这样围绕着故事讨论和解答，才能让孩子深刻地理解这个故事的内容，并且认真倾听故事，努力思考问题。

2. 让孩子复述故事

在家长讲完故事后，让孩子复述一遍故事，这对孩子理解故事内容、熟悉故事情节以及发音措辞、锻炼记忆力和注意力等方面都非常有好处。

在孩子复述故事时，我们可以纠正他们不正确的发音，促进他们说好普通话。还能促进孩子养成良好的语言习惯，如有的孩子在说话时候总喜欢用同一个词"完了"或者"之后"，还有的孩子喜欢一边说话一遍摸鼻子、拽衣服等，针对这样的情况，我们应该在充分表达对孩子的肯定和欣赏之后让孩子响亮、连贯、大方地讲述。

3. 鼓励孩子"瞎编"故事

"瞎编"故事并不是胡言乱语，而是一种探索、想象、创造的过程，如果孩子爱"瞎编"故事，那么孩子往往思维敏捷、口语表达能力强并且富于想象力，长大后也能成为一个善于表达的人。平时可以鼓励孩子自己编故事，在有了故事的大致轮廓之后，以"有一天"等词语开头，之后将情节的先后顺序逐句描述出来，可以用一些"接着……之后……最后"等连接整个故事。至于故事结尾，可以让孩子利用发散思维去想很多种可能性，锻炼孩子的想象力。

孩子自己"瞎编"的故事多了，他的语言组织能力和写作能力都会逐渐得到锻炼，对孩子来说，会受益一生。

以上几方面是需要家长注意的关于讲故事的方法问题。另外还需要注意的是，大一点的孩子会根据自己的需要来让家长购买一些故事书，这时候应该尊重孩子的意愿。另外，还应该尽量让孩子多尝试阅读各种类型的故事，千万不要因为自己的喜好而限制了孩子的阅读范围。

专家妈妈贴心话

　　年龄小的孩子有一个习惯，就是喜欢听重复的故事，一个故事听了N遍还不厌烦，还要求你给他讲，这是由于孩子的年龄特点决定的。孩子这个时候认知能力有限，只有在不断重复的过程中才能不断发现和体会新的东西，大人认为"没意思"的重复对孩子来说并不是简单的重复，而是每次都有新的感受和收获的。因此，家长不要嫌重复讲一个故事无聊和无趣，其实，这些重复对孩子的智力发展，是有着不可低估的作用的。

第六章

3~6岁，好品行和好习惯塑造的奠定期

孩子不好好吃饭，你还得端个饭碗在屁股后面撵着吃；让他独立睡觉，可他总是半夜害怕要回到大人的床上来；家里来了客人，孩子就变成了"人来疯"，又吵又闹，让你无法说话；你管教他的时候，他还竟然对你说"狠话"……孩子的好品行和好习惯如何能培养起来而又不让孩子的心理受到伤害呢？

美国心理学家威廉·詹姆士曾说："播下一个行动，收获一种习惯；播下一种习惯，收获一种性格；播下一种性格，收获一种人生。"确实，好习惯和好行为是密不可分的，好习惯和好品行可以成为人生幸福生活的助力，但是坏习惯和坏品行则可能成为人生的债务。而一个人的好习惯和好品行，往往是从小养成的，经过不断的强化和巩固，最后内化到一个人的内心。行为习惯一旦养成，就会使人的思维模式自动化，使人的行为不由自主，如孔子所说："少成若天性，习惯如自然。"幼儿时期养成良好的习惯，就犹如自然天生一样，会伴随人的一生。

先天遗传对人的一生发展起到一定的定向作用，后天的行为习惯对人的一生也能起到导向作用，而3～6岁时期，孩子的行为习惯正处于将要养成、已经养成阶段，这就会伴随他的一生。对于已经培养起来的好的行为习惯，我们一定要强化贯彻下去，但是对于一些不良的行为习惯，一定要赶紧调试和纠正，否则，一棵刚长出来就已经歪了的小树，将来即便是长成大树，也不能是直的。

♥孩子吃饭成难题，难道本能退化了

在一些有小孩子的家庭往往会看到如下的景象：吃饭的时候，孩子不好好坐在座位上，吃一口就跑到别处玩去了，妈妈还得在屁股后面追着喂饭。让孩子吃一口饭可真难啊，妈妈什么计策都想过了，敲盆啊，唱歌啊，跳舞啊，可是孩子呢，要么紧闭嘴巴不肯张口吃饭，要么把饭含在嘴巴里就是不嚼，妈妈这里已经折腾出一身汗了，可是孩子根本就没吃几口……

要说这"吃饭"问题是每个人遇到的最简单的问题了，只要是正常的孩子，不必经过任何训练和教化，自然就会产生吃饭和喝水的本能。但是奇怪的是，现在生活水平提高了，父母的照顾更加精心了，但是孩子的本能却退化了吗？

实际上，孩子的吃饭之所以成为了问题，与父母的教养不当有很大关系。

有些妈妈总是担心孩子饿着，而让他不停地吃东西。"宝贝儿，来，把这块蛋糕吃了！""宝贝儿，苹果有营养，来，吃块苹果！""来，把这些核桃仁全吃了，吃光了才是好孩子！"妈妈确实是亲妈，但是这样不停地喂下去，到了正餐的时间，孩子自然吃不下饭了。总怕孩子饿着冷着——这种心理在经历过挨饿年代的祖父母一代人的身上体现得尤为深刻，那些拿着碗或者零食袋子追在孩子后面喂吃的人，更多是的爷爷奶奶和外公外婆们，他们曾经受过苦，生怕孙子一辈重蹈覆辙，因此，对孩子吃饭问题容易产生过度焦虑。但是，如果一个孩子从来没有过"饿"和"冷"的感觉，也不利于毅力和耐受力等心理素质的培养。如果由你来决定孩子什么时候饿什么时候饱，那么孩子将永远对"饿"和"饱"没有概念，这也是目前社会上出现很多肥胖儿童的原因之一。

有些孩子会把吃饭当成要挟大人的工具，这当然也是由家长给"喂"出来的。"乖宝，吃完这碗饭，就给你去买你要的那个玩具。"于是，"小皇帝"张开金口，急忙用了膳，就迫不及待地要新玩具去了。在这里，吃饭变成了惩罚，而玩具才意味着奖励。只要有这样的开始，孩子虽然可能吃了不少饭，但是脾气却变得越发无法控制，最终形成任性、骄纵的性格。"你不给我买玩具，我就不吃饭了！"孩子能从父母的语言和态度中敏感地捕捉到他们的弱点，之后形成主动控制局面。

别看吃饭这个日常生活中的小事，天天因此都烦恼还真够人受的！这里告诉妈妈们一个"制胜法宝"，即吃什么和什么时候吃，家长说了算；吃不吃和吃多少，孩子说了算。

例如：一大早起床，妈妈给乐乐准备了白粥和鸡蛋，但是乐乐就是要吃肯德基，对妈妈准备的早餐就是不肯吃。这时候，妈妈不必和孩子啰唆废话，确定他不吃后，要清楚地告诉他："早餐就是白粥和鸡蛋，没有肯德基，如果不吃，就要等到中午时候才能吃饭。"孩子没有意见后，妈妈就可以将早餐撤掉，并且将平日的零食都藏在孩子够不着的地方。早餐到午餐的时间，不管孩子如何想要吃的，都不要给他，一定要他等到中午才能吃饭。

到了中午的时候，孩子一看午饭是米饭炒菜，依然没有兴趣，哭着要吃肯德基。这时候坚决不能妥协，依然要清楚地告诉他："午餐就是米饭炒菜，如果你不吃，就要等到晚上吃晚饭的时候了。"孩子如果依然不肯进食，就依然撤掉饭菜并且将零食藏好。这期间孩子可能会哭闹后悔自己的决定，说可以吃午餐的饭菜。但这个时候，依然不能妥协，即便是有剩饭菜，也要硬起心肠不给他吃。

到了晚上的时候，相信没有等你将晚餐端上桌子，孩子已经乖乖地等在餐桌边了。坚持一次这样的措施，孩子就不会再在吃饭的问题上较劲了。

当然，坚持这个过程确实有些难度，首先要知道孩子饿上一顿两顿是没有问题的，不用为孩子的健康担心，俗话说："饥饿是最好的厨师。"这并不是说一定让孩子饿着肚子，忍着口渴，来"锻炼"他，而是说让孩子保持适度的饥饿感，产生积极的食欲，孩子对营养的吸收能力反而更好。其次，一定在采取措施前做好全家人的沟通，不能出现教育上的不一致，如妈妈这里刚坚持了一会儿，外婆那里不乐意了："孩子都饿成什么样了，能吃就不错了！走，外婆带你去吃肯德基去！"这样的话，妈妈不论有什么样的"制胜法宝"都得崩溃。

"制胜法宝"还有一个很重要的一点，就是要尊重孩子关于吃饭的决定，吃不吃或者吃多少是孩子个人的自由，大人不要过于干涉。很多妈妈常犯的错误就是在餐桌上对孩子吃饭的问题啰啰唆唆，"宝贝，这个要吃点儿，那个也要吃点儿。""怎么吃这么少，不行，再吃一些，否则怎么能吃饱呢?""宝贝，吃得太慢了，快点！"如果妈妈总是在餐桌上制造这种紧张气氛，不仅是对孩子摄食自由的一种剥夺，更是会制造无数的争吵，让本来应该享受的过程变得趣味索然，或者成为一种负担。

因此，妈妈只要把食物端上来就可以了，不要对孩子的吃饭过程给予过多的评价，尽管孩子挑食的时候要管住自己很困难，但是从长远看，冷静远比喋喋不休更适合孩子在就餐时候的身心发展。

吃饭之前，爸爸妈妈都应该使孩子保持愉快的进餐情绪，不说也不能做可能引起孩子情绪波动的事情。爸爸妈妈要带头对饮食表现出很大的兴趣，给孩子积极的暗示，不要在孩子面前表现出某些食品不合自己的口味的挑食举动。

♥ 宝宝分房睡觉所带来的种种烦恼

普普妈最近因为孩子分房睡觉的问题而感到很矛盾："孩子的房间早就准备好了，现在他都已经三岁多了，我们觉得该分床睡了，可是一到了晚上，他就黏着我，说什么不肯到他的房间里睡。好不容易把他带过去，他就紧紧搂着我，不让我离开。这样坚持下去，会不会对孩子的心理有伤害啊？"

子谦妈也同样为分房睡觉而烦恼："我把他拖到他的房间里，他哭闹着不肯，气得我揍了他一顿，闹到半夜，我索性把门给锁上了，后来我到他房间里偷看，看他已经在床上睡着了，脸上还挂着泪，一边睡觉还一边抽咽呢。我也不想狠，可是不狠孩子独立不起来啊！"

分房睡觉会不会给孩子带来心理伤害？普普妈的担心是有必要的，如果这个过程实施不当，很可能会给孩子带来心理伤害，就像子谦妈强迫孩子分房睡，并且实施锁门、暴力的行为，让孩子在黑暗中带着恐惧、悲伤、甚至身体的疼痛，哭泣着入睡，怎能不给孩子带来心理的伤害呢？！

从孩子的角度来说，从亲密的床上将自己与父母分离，这确实是个很难接受的过程，这和当初妈妈给自己"断奶"的感觉是差不多的。一个4岁的孩子曾在心理沙盘作品中摆出三所房子，而且分别在不同的方位，沙盘师在作品完成后的沟通中了解到原来孩子正处于和父母分房睡的阶段，父母为了他能顺利地独自睡觉，两个人也分了房，结果是三口人一人一个房间，孩子在沙盘中摆出这样的作品，说明他在形式上接受了独自睡的情况，但是，当父母将来又搬到一个房间一起睡觉后，孩子就会感觉自己被排斥了，受欺骗了。

3～6岁，正是孩子的"恋父情结""恋母情结"发展的时期，这个时期的孩子，确实应该分房睡觉了。因为这个时期，孩子会对父母的关系、两性之间的问题比较敏感。如果孩子看到父母的性事，会受到一定的刺激，不利于性心理的发展。有时候虽然孩子好像是睡着了，但仍然有可能听到点什么，看到点什么，或感受点什么。虽然孩子不会很清晰地知道父母在那里做什么，但是这些模糊的感觉和印象会在孩子心中生根发芽，造成不能言说的心理压力，这种压力无处宣泄或者找不到舒缓的出口，可能在青春期性意识觉醒的时候给孩子带来有害的性幻想。

有的家庭，妈妈和孩子的关系比较亲密，有时候会形成妈妈和孩子一起睡，爸爸在另外一个房间睡的情况，这样的家庭结构是不够健康的。在一个家庭中，夫妻的关系应该是第一位的，其次才能是亲子关系。如果前期亲子关系大于夫妻关系，那么在孩子3～6岁这个时期，一定要让孩子形成一种认识：父母之间有一种亲密的关系，是他不能介入的。认识到这一点对孩子的成长有着重要的意义，这不仅能让他明白自己在家庭中的位置，也能对他自己将来的家庭结构有着积极的影响。

在对待孩子分房睡的问题上，妈妈们都存在着普普妈类似的焦虑，就是会不会对孩子的心灵造成伤害？对于父母来说，真的渴望孩子一生都生活在幸福当中，不要受到一丝一毫的伤害，但是，这种类似真空一样的生活是不存在的，孩子最终都是要脱离父母的保护独立生活的，分房如同再一次给孩子"断奶"，或者像把孩子从家庭生活推向幼儿园生活一样，刚开始肯定是不能适应的，会感觉痛苦，可是，我们这样做正是为了孩子将来能有能力更好地生活，为了他一时的哭闹和痛苦我们就不给孩子断奶吗？为了不让他感到离开妈妈痛苦就不让他上幼儿园吗？成长都会伴随着一定的痛苦。

有的孩子迟迟不能独房睡实际上因为妈妈的分离焦虑。如果夫妻关系疏远或者丈夫长期不在家，为了填补内心情感的空虚，妈妈会将孩子留在卧室里做伴，表面上看是孩子不愿离开妈妈，实际上孩子对父母的需求有着极强的察觉能力，当他意识到妈妈需要他的依恋的时候，他就会表现得很需要妈妈。孩子这样做，就会承担起一些配偶才需要承担的责任，如果这个压力过重，孩子就会活得很累，这对孩子是不公平的。因此，如果真正爱孩子，该放手的时候就该放手，该让他独立的时候就应该独立。

让孩子独立的时候，如果像子谦妈一样狠狠地将孩子推开，这也是很残忍和不可取的做法。这让孩子感受不到爱和温暖，只有被抛弃的冰冷感受，虽然独立了，但是怨恨和被拒绝的感觉会像冰山一样积压在孩子的心里，如同生活在孤岛上，没有了温暖的港湾。因此，一边让孩子独立，一边还能让孩子感受到爱和被支持是最佳的做法，孩子不论怎样独立，都知道父母那里是他最终可以依靠的心灵驿站，那么孩子在独立面对生活的风刀霜剑的时候就不会害怕了。

那么，我们该如何让孩子自然而然地接受分房睡的情况，又尽量不给孩子带来过大的心理波澜呢？

我们要遵循循序渐进的原则，先给孩子讲道理，告诉他为什么要分开睡，分开睡有什么好处，让他知道分开睡并不是爸爸妈妈不爱他了，而是他成长的一个标志，是值得自豪的一件事情。还可以带孩子到一些独自睡觉的孩子家参观，让他知道别的小朋友也是这样做的，这样可以打消他的恐惧和被抛弃感。

如果卧室够大，可以先在卧室里给孩子安排一个小床，让他先练习一个人到小床上去睡觉。适应之后可以将小床搬到他的房间里去，孩子由于适应了小床，便能容易接受搬到独立房间的做法。

孩子房间的摆设和装饰也是需要妈妈花费心思考虑的。在购买家具和装饰房间之前，一定要处处征求孩子的意见，让他从内心感觉到这是属于"我自己"的领地。如果孩子喜欢粉色，那就买粉色的家具和粉色的玩具，让孩子欢天喜地地奔向自己的地盘，孩子白天就喜欢待在自己的房间里，是他能够在这里晚上独立睡觉的重要前提。

孩子刚到自己房间睡的最初阶段，肯定是会有些恐惧心理的，妈妈和爸爸可以轮流去陪伴孩子，给他讲故事，对孩子的身体轻轻地抚摩，直到孩子睡着了再回到自己的房间中。半夜的时候，还需要到孩子的房间看看，虽然孩子已经睡着了，或者出于浅睡眠状态，但是你帮他盖好被子或者轻吻他，都会让他有温暖和爱的感觉，他会知道，虽然他自己一个人睡，父母依然爱着自己。孩子刚开始的时候，都会对黑暗有所恐惧，也可以一直点着灯，直到他睡去。

由于孩子有容易蹬被子的习惯，所以分房尽量最好选择夏季进行，防止孩子感冒。

孩子刚尝试着和父母分离，父母要多给孩子一些关注，之后慢慢将关注抽离，孩子就会慢慢接受。

孩子独自一个房间之后，可以进一步培养他的独立性，如教孩子整理自己的房间，自己穿衣、叠被、扫地等。到孩子房间的时候，家长要像尊重成人一样敲门，得到孩子的允许后再进入孩子的房间，这样的榜样作用会让孩子意识到进入父母房间也要这样做，这样，成人与孩子之间的独立与尊重也就慢慢建立起来了。

让孩子适应独自睡觉不是一朝一夕就能完成的事情，聪明的妈妈一定要做好充分的心理铺垫，之后一步一步引领孩子走向独立。有些家长一看孩子哭闹，就心软了，放弃了这个做法，这样做的后果是孩子将来对父母的依赖过重，不能得到健康的成长，不能担负自己应该担负的责任。对孩子的行为，要多多鼓励，面对孩子的抗拒或抵制不要轻易放弃，只有持之以恒，好习惯才可能日趋巩固。

♥"人来疯"是孩子用隐蔽的方式表达需要

　　思怡是个文静、乖巧的女孩，平时喜欢趴在桌子上画画、捏彩泥，玩拼图，有时候也爱拿着幼儿园的音乐书本，一首接一首歌唱给妈妈听，一旦得到妈妈的称赞，她便眉飞色舞。可以说，她在家里，算是个听话、乖顺的孩子。但是，一旦家里来了客人，思怡就会一反常态，在沙发上乱蹦乱跳，扯着嗓子尖叫，其兴奋程度就像突然打了兴奋剂一样，而爸妈越对她进行制止，她的行为就越放肆，令两位家长不知如何是好。不仅思怡有这样的情况，很多妈妈凑到一起聊天的时候都说到宝宝"人来疯"的现象令人头疼。

　　那么，是什么原因让孩子变得"人来疯"呢？怎么能让孩子在客人面前变得彬彬有礼而不是这样瞎胡闹呢？

　　一般来说，孩子在客人面前"人来疯"是对自己不被关注的反抗，背后的潜台词是："如果你们不把我当回事儿，我就使劲闹，你们要关注我！"当客人来的时候，大家出于礼貌，都会围着客人转，一向备受关注的小家伙受到了冷落，就会产生微不足道等负面感觉，进而做出一些在大人们看来极其"怪诞"的举动。他们之所以这么干，其实只是想利用消极、隐蔽的方法表达自己的需要，目的也只是想给大人们发出"信号"而已。

针对这种情况，聪明妈妈要悟出孩子的"言外之意"，给孩子足够的情感满足和尊重，让孩子从中确认自己的存在，这对孩子的人格、自尊和自我意识的发展具有非常重要的意义。当客人要来的时候，可以先和孩子一同来做迎接客人的准备工作，如"小宝，你看让客人坐在哪里呢？""小宝，你帮妈妈把桌子擦干净，客人就要来了！"客人到来时，家长要郑重地向客人介绍自己的孩子，可以让孩子将你洗好的水果端给大家，还可以给孩子一些表现的机会，如孩子擅长唱歌，就请他为大家唱一首；擅长跳舞，就请他给大家跳一曲。注意寻找孩子在一边能听到的机会夸奖自己的孩子，等孩子得到了充分的关注之后，就请他回自己的房间里玩——当然这是事先你和孩子规定好的原则，即"听到妈妈让你去你房间玩的建议时，就乖乖地听话去做，给大人们留出可以正常说话的时间"。这样的原则坚持下去，孩子就会养成礼貌的好习惯。

孩子"人来疯"还有一种原因是由于过度兴奋所致。当孩子处于日常生活的不同环境和人际氛围中的时候，会容易兴奋。孩子平时习惯了与爸爸妈妈的日常有规律的生活，一旦来了客人，就容易形成全新的刺激，由于3～6岁孩子大脑神经系统的抑制功能尚不完善，正处于兴奋强于抑制的状态，难于控制自己。特别是有些性格内向、平时很少有机会和家庭以外的人接触，长期处于单调、闭塞环境中的孩子，一旦兴奋起来，就会表现得与往日大为不同。

这类"人来疯"显示了孩子对环境改变的心理适应能力较差，这和家人对他的过度保护和缺少锻炼的机会有关。当一向乖顺的宝宝忽然变得如此不可理喻，千万不要批评责备孩子，而应该通过这样的现象看到教育上的不足，平时就应该多带孩子出去与人接触，多结交好朋友，或者带孩子到朋友家多串串门，适当参加一些活动等，培养孩子与人沟通交流的积极性。

客人也是导致孩子"人来疯"的一个很重要的因素。朋友来家做客，当然不能忽视小主人，于是客人们会对孩子格外放纵与宽容，甚至主动和孩子逗闹，即使孩子做出不礼貌的举动也不会显出不高兴的神色。这样当然容易助长孩子的"人来疯"。即使年纪很小的孩子，也会察言观色，发现在客人面前即使自己不听话，爸妈也不会当众予以责罚，当他意识到这一点，就会表现得比较张狂，平常不太敢有的举动都会一一做出来，那些平时想得到而没有满足他的需求这时候他也会趁机提出来："妈妈，我要买×××！"他知道，当着客人的面，你不得不让步。

为了尊重客人，当孩子有了这样的举动后，尽量不要当着客人的面责骂孩子，可以把孩子拉到他的房间里，直接告诉他这种行为让爸妈感到不愉快、不舒服，向孩子说清楚正确、得体的表现行为和客人相处的礼仪。对于一些合理的要求，可以答应他，让他满足的同时大家也能获得安静，但是，对于一些不合理的要求，要坚决说"不"，孩子闹了一阵得不到理睬之后就会感觉无趣，就会安静。此外，为了预防孩子当着客人的面威胁你，你还可以在客人没来之前就和孩子讲好，如果他礼貌地在客人面前表现，可以实现他的一个愿望，这样，对他也会有一个约束。

由此可见，孩子耍"人来疯"出于各种不同的原因，妈妈应该在了解孩子的基础上，设计一些"对策"，这样，孩子就会表现得既有教养又不失活泼，也可以在与客人的交流中增强沟通能力。

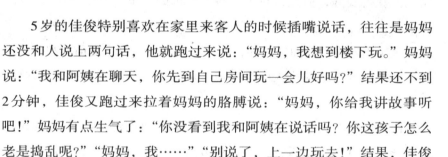

在对3~6岁孩子的教育中，比较合适的方法是采取"消退法"和"正强化法"，即要让孩子的"人来疯"现象消退，妈妈最好事先和客人商量达成一致，不论孩子怎么疯，都要对他的行为不予理睬。当孩子的行为没有得到肯定或者关注，孩子的行为就会减少。而当孩子开始能够安静地独自游戏时，爸妈要立即给予一定的赞扬和鼓励："宝宝真乖，知道在客人来的时候自己在一边安静地玩。"在这样的正面强化下，孩子良好的行为就会得到巩固。

♥喜欢"插嘴"如何变为有礼貌的对话

5岁的佳俊特别喜欢在家里来客人的时候插嘴说话，往往是妈妈还没和人说上两句话，他就跑过来说："妈妈，我想到楼下玩。"妈妈说："我和阿姨在聊天，你先到自己房间玩一会儿好吗？"结果还不到2分钟，佳俊又跑过来拉着妈妈的胳膊说："妈妈，你给我讲故事听吧！"妈妈有点生气了："你没看到我和阿姨在说话吗？你这孩子怎么老是捣乱呢？""妈妈，我……""别说了，上一边玩去！"结果，佳俊哇的一声哭了，妈妈和客人也彻底没法谈话了。

孩子在家长和客人谈话时候插嘴，这样不仅打断了成人之间的正常交流，而且也会显得没有礼貌，难免会让家长感到很尴尬。但是，如果家长当着客人的面训斥孩子的"插嘴"，又会伤害孩子的自尊心，可能使孩子产生逆反心理。如果对这种行为听之任之，将来可能成为一个坏习惯。

要想矫正孩子的插嘴行为，首先要了解孩子为什么爱插嘴。

1. 想参与讨论

3~6岁孩子还处于以自我为中心的思维阶段，已经有了自己的一些想法，当他看到大人们说话时，很想发表自己的意见。但是由于年龄小，还不懂得约束自己，在"熬不住"的情况下就过来插嘴了。

2. 想引起别人关注

当家里来了客人，孩子就会处于神经兴奋状态，很想在大家面前表现自己，因为想引起别人的注意，让大家关注到自己，便在大人说话的时候故意插嘴说话。这一点，和"人来疯"的孩子有共同之处。

3. 大人的榜样作用

有的家长在平日交谈的时候，就喜欢插嘴说话，孩子在旁边观察，也学习到了这样的行为。只不过大人在插嘴的时候，其他人不好去批评，可是孩子插嘴就很容易遭到大人的训斥。

从积极角度看，孩子喜欢插嘴说话表达了孩子积极的人生态度，也是孩子乐于表达自我的一种表现。喜欢插嘴的孩子总比闷在一边自始至终不吭一声的孩子看上去更积极健康。但很显然，插嘴是很不礼貌的行为，家长发现后应该给予及时的教育。不过也有的家长认为孩子现在还小，长大了自然就能改掉这些坏习惯了。其实不是这样的，孩子的好习惯需要从小培养的，3~6岁孩子很容易接受外界各种刺激和教育的影响，如果在这个年龄阶段不加强对孩子良好习惯的培养，那么将来会很难改变。

由于孩子插嘴有各种原因，因此妈妈要区别对待。

1. 以身作则，为孩子树立良好的榜样

要求孩子做到，首先自己要做到。如果你们夫妻两人在谈话时都爱互相打断对方，那就要努力改变这种习惯。你还应该在孩子和你说话时，尽量不打断他。如果你想插话，就要说："对不起，我想插一句……"之后应该马上说："对不起，我打断你了，请你接着说。"这样，孩子不仅学会了你插话时候的语言技巧，还学会了你承认错误时候的轻松自然的态度。

2. 给孩子适当的表现机会

当孩子想发言时，家长可以请他先等一下，当其他人的交谈告一段落的时候再请孩子发表自己的想法。但事后应该教育孩子，不等别人说完话就插嘴，对别人是没有礼貌的。为了锻炼孩子的语言表达能力，也可以挑选一些孩子感兴趣的话题邀请他坐下来一起交流，这不仅显示了对孩子的尊重，也可以在此过程中教会孩子一些社交礼仪。

3. 兴奋型孩子需要耐心教育

对于那些天生就很容易兴奋的孩子，可以在他插嘴时走到他身边，摸摸他的头，用眼神示意他不要表达个没完，或者用手指轻轻敲敲他的肩膀，示意他该停止了，客人走之后要及时进行谈话，告诉他在想插嘴的时候应该注意的礼貌问题。千万不能用粗暴的态度去制止，即使是批评，也要以不伤害孩子的自尊为原则。

4. 平时要加强相关礼仪训练

3~6岁孩子基本上都懂得"轮流玩"的游戏规则，你可以利用这个技能教他等别人把话说完了，再开口。你可以问他一个问题，注意在他回答的时候，仔细听，如有必要，温和地催催他："你说完了吗？好了，现在该你问我问题了。"如果他在你回答的时候插嘴，用手指碰碰他的嘴唇，把你的话说完。然后再说："现在该你了。"让他把对话继续下去。孩子一时可能不会那么快掌握礼貌对话的技巧，但通过这种训练至少能掌握"一问一答"的对话基本要素。

5. 强化礼貌行为

如果孩子在打断别人说话时能有礼貌地说"对不起，我想说一句"之类的话，一定要不吝夸奖，表现出你对他行为的欣赏，这样的赞美，会让他更加强化这个行为，从而减少不礼貌的"插嘴"。

　　有些孩子在家长打电话的时候也非常愿意跑过来插话或者要把你拉走，这是因为他对电话有一种敌对情绪：你对电话的关注大于他对你的吸引。为了避免你听电话时经常受到他的干扰，你可以在平时问问他："我打电话的时候，你想干什么？"如果他依然在你接听电话的时候来纠缠，你可以问问他："你愿不愿意拿本书，坐在我旁边？或者坐在沙发上吃零食？给他选择的权利，他会觉得自己有某种控制力，并且也表明你没有忘记他。不过，给他的选择一定要简单易行。

♥不要忽视孩子"帮倒忙"的机会

　　每次小蒙妈周末打扫卫生的时候，小蒙就会跑过来仰起可爱的小脸蛋，兴致勃勃地恳求："妈妈，让我来帮你吧！"妈妈正犹豫呢，她就会过来抢妈妈手里的工具，一副不给不行的样子。等给了她工具，她往往把妈妈已经打扫干净的地方弄脏，捎带还可能打碎一个花瓶或者弄翻了杯子。批评她吧，孩子是一番好心；不批评吧，她不知道还会制造多少麻烦，还得让自己辛苦地返工，劳动效率反而更低了。

　　3～6岁孩子非常喜欢给大人"帮倒忙"，看到妈妈在劳动，他们总想过来"插一手"，他们跑来跑去，忙个不停，即便是大人拒绝他们的"好心"，他们也会坚持来"帮忙"。孩子的这些行为是他们独立意识觉醒的标志，他们已经自信自己有一定的能力并且非常急于体现自己的价值。他们在这个阶段非常喜欢探索和尝试，渴望帮助别人并能得到大人的肯定，但是由于生活经验和实际能力的不足，常常会好心办坏事——帮忙洗碗结果打碎了碗；帮忙洗衣服结果弄湿了鞋子；帮忙扫地结果扫把碰疼了头……越帮越忙，妈妈要不断地在宝宝后面收拾残局，让妈妈又气又恼。

有的妈妈很清楚孩子"帮忙"后的结果，对于他们要"帮忙"的请求严令禁止："你干不了！不许干！"甚至训斥他们："一边玩去！不够你捣乱的了！"妈妈如果态度强硬，他们才可能罢手，但是还会气鼓鼓地表现出一副英雄无用武之地的愤慨模样。

这个时期的孩子，由于他们的能力很有限，所以能独立完成的事情也很受局限，但是他们却从这有限的行为中看到了自己的力量，体会到了自己对这个世界的操纵感和控制感，由此得到成就感和自尊感的体验。这对孩子的心理健康成长无疑是很重要的。

但是，如果家长对孩子的热情一味地打击，把他们拉到一边让他们"坐享其成"，剥夺他们"帮倒忙"的权利，孩子的情绪和自信心都将受到很大的打击，久而久之便会失去帮忙劳动的兴趣，养成袖手旁观的坏习惯。

孩子"帮倒忙"其实可以看成是一种培养孩子养成良好劳动习惯的机会，是孩子体验自己的能力，增长自信的机会，也是让孩子表达对父母关爱的机会，聪明的妈妈应该变孩子"帮倒忙"为"帮到忙"，让孩子实现这些美好的初衷。那么，应该如何做才能小心呵护孩子帮忙的热情呢？下面，列举几个生活中常见的"洗衣服"的镜头来给妈妈们做参考。

妈妈在卫生间里洗衣服需要很长时间，孩子往往会忍不住凑过来帮忙，妈妈洗好的衣服刚放到一个盆里准备漂洗，稍不留神，孩子就很有可能过来往这个盆里放上几勺洗衣粉，这时候妈妈一定要按捺住气恼。比较合适的做法是：把孩子自己的盆放在他面前，往盆里放个小手绢或者小袜子让孩子洗，这样，你在这边洗，他在那边洗，各自都能洗得不亦乐乎而互不干涉。你可以趁此机会，教孩子如何揉搓衣服才能洗得干净、用多少洗衣粉合适、浅色的衣服和深色的衣服应该分别放置、什么样的衣服更需要使用柔顺剂等关于洗衣服的劳动技能。

晾衣服的时候，也让孩子参与到劳动的环节中来，让他做力所能及的事情。你可以让孩子将衣服从洗衣盆中拿出来递给你，你再往衣架上晾，当然在这个过程中要及时地夸奖孩子："谢谢你的帮助！你可帮了妈妈大忙哦！"这样不仅肯定了孩子对妈妈的帮助，让孩子看到了自己的能力，还有效培养了孩子对劳动的积极性和喜欢帮助别人的优良品质。

专家妈妈贴心话

在平时，也应该有意安排一些孩子力所能及的家务让他来做，如让他将鞋子摆放整齐、叠好自己的衣服和袜子、给爸爸妈妈捶捶背等，只要没有什么危险性，尽量让他去做，即便是宝宝帮一些倒忙，如把地扫得乱七八糟，你也可以先做别的事情，等他感觉扫地不好玩的时候再过去把地打扫干净，千万不要因为孩子做不好或者给自己添乱而呵斥孩子，伤害了他的自尊心。

宝贝"经常说谎"不是品质问题

很多妈妈都会发现一个现象：孩子到了3岁左右，开始会"撒谎"了！

如你看到地板上正倒着一个流着水的杯子，而宝宝就在旁边玩拼图，你要是问他："这杯子是谁碰倒的呀？"他可能会说："小花狗碰倒的！"如果你进一步逼问："咱们家哪有小花狗呀？到底是谁碰倒的？"他这时候可能会指着你一脸坏笑地说："是妈妈碰倒的！"

除了这种为了推卸责任自我保护而"撒谎"之外，孩子有时候还会因为自己的需要而说出欺骗性的语言。君君妈说君君刚上幼儿园的时候，非常不爱去，虽然给他讲了很多小朋友应该上幼儿园的道理，但是君君还是对上幼儿园怀有抵触情绪。一次她说："某某老师打我。"由于对幼儿园的了解，君君妈坚决不相信这样的事情会发生。于是就更细致地问她，君君还是编造各种理由，一会儿说这个老师打她，一会儿又说那个老师打她，这让君君妈更确信了孩子在"撒谎"。

有时候因为孩子的思维比较简单，知识少，也会"无意"中"撒谎"。如甜甜回家后告诉妈妈自己的手疼，并且是因为"吃饭烫的"，甜甜妈对幼儿园不负责任的工作作风非常气愤，孩子都被烫了，接孩子从幼儿园回家的时候老师都不知道说一声！愤怒之余自己只好自己给孩子涂点烫伤药。结果两天过去了，孩子的手不但没有消疼，而且还有些红肿了。最后幼儿园的保健医生发现孩子的手指头上原来扎了一根细小的刺儿，拔出来之后，孩子就不疼了。孩子为什么将扎刺儿的疼归结为烫伤的疼呢？当孩子疼的时候，他也在积极地寻找原因，在他的头脑中，有过被烫伤的经验，那个感觉和现在的感觉很相似，由于他从没有扎过刺儿，因此他是不会把原因归结到这上面的，而过去的经验中只有烫伤可以解释这个疼，因此他自己就做了这样的归因。

3～6岁孩子心理活动和思维发展不够完善，因此有时会把想象和实际混为一谈，说一些与事实不符的话。在他们丰富的想象力和表现力的发展过程中，他们往往会即兴、随意地把自己听到的故事、看到的事物经过自己的想象加工后套用到现实的人或事上去，出现没有逻辑、不真实的"撒谎"。比如过几天孩子才过生日，妈妈提前说过生日的时候要给他买个生日蛋糕，于是，在还没到生日的时候，他就可能和幼儿园的小伙伴说："我妈妈给我买了一个大蛋糕，是绿色的，上面还有红色的花……"

有时候，虚荣心理也是让宝贝"撒谎"的一个原因。由于现在的家庭对孩子的要求都尽量满足，在"你有我也有""我有的你没有"的心理支配下，有的孩子为了满足虚荣心而说谎。如当一个男孩听说别人的爸爸给他买了一个坦克车玩具就马上说自己的爸爸也给自己买了一辆，当一个女孩看到别的小女孩炫耀一个漂亮的粉色发夹也说自己家里有一个更漂亮的。虽然宝宝这种说谎只是暂时的，也不会造成什么严重后果，但是家长要注意这种苗头。

　　由此可见，3~6岁孩子"撒谎"的原因有很多，但是这种"撒谎"与成年人心目中的道德理念不是一回事儿，儿童心理学家研究发现：儿童直到七八岁，都不能完全陈述事实。他们并非想欺骗谁，而是有时候并不知道自己在做什么，他们只是根据自己的需要而扭曲现实。这是孩子心理发展的必经之路，和"品质"无关。

　　因此，当发现孩子"撒谎"时，不要用成人的眼光去指责孩子，给幼小的孩子贴上这么沉重的标签！

　　如果孩子是为了推脱责任而"撒谎"，要让孩子知道"错的"未必就是"坏的"。孩子在成长的过程中犯错误是难免的，只要家长平静地告诉他错了，并指导他应该采用正确的方法，孩子就不会对错误产生恐惧和内疚心理。如果你对孩子犯的大错小错都大呼小叫，甚至惩罚孩子，那么孩子肯定会处处掩饰错误，并且不敢再积极探索新的事物。在评判孩子有道德问题之前，最好先反省一下自己：是不是自己对孩子过于严厉，让孩子感觉到撒谎的必要性？当孩子勇于承认自己的错误时，不论他的错误有多严重，都不应该惩罚他，这样孩子才能在你的鼓励下拥有诚实的品格。

　　家长是孩子最好的老师，有的时候家长往往是孩子"撒谎"的榜样，甚至有的家长教唆孩子撒谎。如本来已经答应孩子周末去公园，可是到了周末不是因为睡懒觉耽误了，就是因为临时有了别的事情而取消了，自己说话本身就不算话。或者孩子打碎了别人家的东西，妈妈要求孩子不能承认以免赔偿人家的损失，这样的做法，都在有意或者无意中教会处于懵懂的孩子"撒谎"，并且觉得这行为没有什么了不起。因此，要想孩子拥有良好的品质，爸妈最应该做好这个榜样。

♥如何有效控制孩子看电视

　　有的孩子从几个月开始就已经是电视的忠实观众了，绚烂的色彩和各种影像让他们感到很好奇，再大一点儿的时候他们就会对各种动画片感兴趣，还经常会模仿动画片里人物的声音或者语气来说话。

　　彩蝶妈为小彩蝶迷恋电视的事情很头疼，每天从幼儿园回来，彩蝶第一件事情就是打开电视开始看《喜羊羊和灰太狼》，即使是吃晚饭的时候，她也要把碗筷端到沙发茶几这里来，一边看电视一边吃东西，而幼儿园留的作业，她十天有七天都会忘记做。如果周六周日爸爸妈妈不带她出去玩，她就会一天盯着电视看，如果大人上来制止她，她就会大哭大闹，对此，彩蝶妈感到非常无奈。转眼寒假到了，彩蝶由于每天长时间窝在沙发里看电视，还一边看一边吃小食品，整天精神委靡，懒洋洋的，不仅身体越发肥胖，视力也受到了严重损害，不得不带上了一副眼镜。此外，由于她每天不运动，消耗不掉的精力又转化成无理取闹的动力，因此，彩蝶常常会制造出各种事端来发泄情绪……

对电视感到深恶痛绝的是齐齐妈，齐齐妈是个非常爱干净的人，整天不停地与家里的灰尘作战。当初自己一个人带孩子，忙家务的时候就把齐齐往沙发上一放，打开电视机让他看。当时她想的是，自己不能总陪孩子，电视可以让孩子不觉得孤单，并且怎么着也能起到一定的智力开发作用吧。就这样，在齐齐上幼儿园之前，他每天的大部分时间都是在电视机前度过的，但是当齐齐上了幼儿园之后，老师明显地感到齐齐与其他的孩子很不同，他基本上不与其他孩子沟通，当老师问他话的时候，他也很难说出一句话，唯一的沟通就是点头和摇头。这样的"电视宝宝"由于长时期坐在电视前，耳朵长期适应了机械的声音，就会导致他们对家人的声音渐渐失去反应，从而削弱和真实生活中的人交流的能力，严重的还可能会患上自闭症。

说起电视对孩子的危害问题，子路妈也有一肚子的牢骚。子路在幼儿园被称为"小霸王"，经常不是打了这个小朋友，就是打了那个小朋友，幼儿园老师和孩子班级的同学经常打电话向子路妈投诉。子路妈后来一分析，觉得孩子的暴力行为与他平时看的电视内容有很大关系。子路平时就爱看那些打斗"扁人"的镜头，而子路爸也总是很支持儿子看这样的电视节目，觉得可以培养儿子的"硬汉精神"，结果就是子路处处模仿电视里的人物角色打小朋友，他不知道，电视里的那些人被踩扁和挨揍后能安然无恙，但是现实生活中的小朋友可受不住这么打。

孩子经常看那些内容贫乏，并以快节奏和声光效果来包装的动画片，脑海中动作和音效等毫无意义的信息就会过多，脑袋就会变得空空的。当然，电视在带给孩子负面影响的同时，我们也不能因噎废食，不让孩子看电视，关键在于如何指导孩子养成健康观看电视的习惯。

对于那些整天迷恋电视的孩子来说，家长确实有必要行动起来：

1. 有选择观看电视内容

家长应该熟悉3～6岁孩子的电视节目，可以通过电视台的网站或者《广播电视报》等渠道留意最近有哪些儿童节目，从中选择适合孩子看的内容，对于那些少儿频道或者动画频道也要有所选择，最忌讳的就是打开电视机，正在放什么，就让孩子看什么。

2. 规定严格的看电视制度

事先和孩子要"约法三章"：如果幼儿园留作业，一定要在做完作业之后才能看电视，吃不完饭不能看，看到几点就要去睡觉等。孩子如果不遵从，刚开始可以允许他哭闹几次，但是只要你不论孩子软磨硬泡都坚持住这个原则，孩子就会服从。

3. 倒计时关电视

看电视的时间以30分钟为一个单元较为合适，这样不仅能让孩子的眼睛得到舒缓，还可以在休息时间让孩子做些其他方面的运动，暂时忘记电视。但是，如果在30分钟的时候，孩子正看到兴头上而去生硬地关电视，这样很容易遭到孩子的不满，因此聪明的爸妈可以在20分钟的时候，提醒孩子"还有10分钟"，过一会儿再提醒他一下"还有2分钟"，这样到了时间再去关电视的时候，孩子就比较容易接受。

4. 下载合适的内容通过电脑放给孩子

在电子产品铺天盖地的现代社会，如果一点都不让孩子接触电子信息有点不太现实。但是家长至少可以先让孩子从电视转移到电脑上来，并且断掉网线。这样就可以事先下载比较健康的节目给孩子看，比如一些关于自然和动植物的纪录片，或者英文版的优秀动画片，这样也可以满足孩子的求知欲。至少过滤后的信息品质能更高。

5. 削弱看电视的舒适感

不要让孩子看电视的环境过于舒适，把宽大舒服的沙发换成小板凳或许孩子也不会看那么长时间的电视了，另外，更不可给看电视的孩子提供零食，零食+看电视，如果你不想办法拆散这一对完美的魔鬼组合，孩子会忘记时间和空间，更加沉迷于电视的画面。

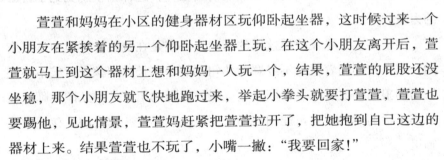

专家妈妈贴心话

要让孩子从电视瘾中拔出来，家长的带头作用很重要。下班回到家后，首先打开电视的往往是家长。如果不想让孩子看电视，家长应该关掉电视机，花更多的心思创造更多有趣的家庭活动，比如：一起看书、参加各种健身运动或游戏等，用丰富的活动增加与孩子互动相处的时间，让孩子发现比看电视更有意义的活动。

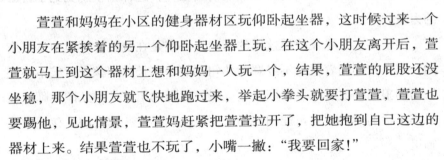

♥孩子竟然对妈妈说"狠话"

萱萱和妈妈在小区的健身器材区玩仰卧起坐器，这时候过来一个小朋友在紧挨着的另一个仰卧起坐器上玩，在这个小朋友离开后，萱萱就马上到这个器材上想和妈妈一人玩一个，结果，萱萱的屁股还没坐稳，那个小朋友就飞快地跑过来，举起小拳头就要打萱萱，萱萱也要踢他，见此情景，萱萱妈赶紧把萱萱拉开了，把她抱到自己这边的器材上来。结果萱萱也不玩了，小嘴一撇："我要回家！"

萱萱爸正在和朋友聊天，很奇怪她们为什么回来得这么快，萱萱妈就把刚才的情景讲了，并且为那个小朋友解释了一下："那小朋友以为你要抢他的地方，所以着急了。"

"我要穿裙子！"萱萱突然叫道。

"一会儿就睡觉了，还穿啥裙子呀，直接穿睡衣吧！"妈妈感觉她有点没事找事。

"我就要穿裙子！不给我穿，我打你，我打死你！"萱萱一边说还一边过来打妈妈。

当时家里还有客人，这让萱萱妈感到很尴尬，不知道孩子怎么变得这么没有礼貌，而且家里人也从来没有这样说过她呀！这孩子的话是从哪里学来的呢？

萱萱为什么会冒出对妈妈不敬的"狠话"呢？追其原因，是萱萱在和小朋友争夺健身器材时积压了怨气和委屈，没有及时地发泄掉，回家后，妈妈当众人的面把自己受委屈的事情又说了一遍，并且还站在对方小朋友的角度说话，这让萱萱将对那个小朋友的愤怒转向了妈妈，把妈妈当成了出气筒。

其实，萱萱这样的表现是3～6岁孩子的常见现象，说"狠话"是孩子语言发展的必经之路。

3～6岁孩子正处于积极的探索期，有时候会感到父母对自己的约束过多，或者在幼儿园遇到令他们失望、愤怒、焦虑和抑郁的事情，而说"狠话"则是一种直接而痛快的发泄，一般情况下，说"狠话"的结果都能让孩子看到对方强烈的情绪反应，这样孩子感觉到了自己的力量。

孩子不会无缘无故说这样的话的，一定是在身边的环境中学习来的。家长之间闹着玩时不经意的几句玩笑，家长教训孩子时候不小心冒出的狠话，或者哪个小朋友生气时候发泄的语言，幼儿园老师在孩子不听话的时候也有可能用狠话来吓唬他们，这些都会印在孩子的头脑里。

有的家长不懂得尊重孩子，把孩子当作"宠物"或者"物品"，而不是"人"，不高兴的时候就随意说："滚一边去！"有时候面对哭闹的孩子会大声吼道："再哭就把你扔到垃圾桶里！"在这样家庭环境的耳濡目染下，孩子难免会学过来，在特定的环境中就会拿出这样的"语言武器"来反击别人。孩子在这个阶段正处于模仿学习期，因此，要防止孩子说"狠话"，营造一个文明的语言环境是根本之举。

对于孩子已经冒出的不善之言，智慧的妈妈该如何对待呢？

1. 转移注意力

美美和邻居家的小女孩爱爱玩捉迷藏游戏正玩在兴头上，妈妈过来打断女儿要带她去看牙，美美大声说："我不去，我正和爱爱玩呢！"妈妈反复解释必须停下游戏去医院时，美美哭着嚷道："你真讨厌！"妈妈没理睬她，一边拉着她的手向自行车走去，一边对她说："你看我们小区的野菊花开了，多漂亮呀！你最喜欢哪一朵？"美美笑着说："我喜欢这一朵！"妈妈就说："咱们看完牙齿回来就让爸爸也来看看这些漂亮的花吧！"美美很自然地说："好吧！"

2. 使用"我"而不是"你"来跟孩子说话

当5岁的壮壮对妈妈进行了"人身攻击"后，壮壮妈忍住没有立刻爆发："你这个坏孩子，从哪里学来的这些恶心的话？你要气死我了！我不允许你这样和妈妈说话！"而应该这样说："听到你这样对妈妈说话，我感到很生气。我不开心的话，你能开心吗？我希望你以后对妈妈说话要有礼貌。"以第一人称"我"开头的话来表达自己的感情，不会伤害到对方，但是，以第二人称"你"开头的话语，容易包含对对方人格的攻击，而且这种话语几乎总是使对方产生敌对情绪，更会让孩子产生逆反心理。

3. 在幻想中给孩子在眼下得不到的东西

一天，穆帆妈妈在安排穆帆睡觉时竟然听到儿子对她说："我讨厌睡觉，我讨厌你！"穆帆妈妈没有责备儿子，首先接纳了儿子的情感："看得出来，你不喜欢妈妈在这个时间让你上床睡觉，是吗？"穆帆点了点头，穆帆妈妈一边帮他脱衣服一边说："那如果让你来定，你想几点睡觉呢？"穆帆的眼睛一下子亮了，笑着说："要到半夜才睡觉！""哦，妈妈知道了，可是，半夜之前，你想干什么呢？"快乐的穆帆兴奋地说："我要玩赛车游戏，再吃点好吃的！""嗯，不错，妈妈同意，那这个周五晚上就这样，周六早上可以睡个懒觉，好吗？""好啊！妈妈要说话算话！""好，一言为定，那现在快躺下，妈妈给你讲个睡前故事……"

一般情况下，孩子冒出"狠话"，都是在产生对抗性的谈话之后，如孩子要在吃晚饭的时间出去玩，而你说："不行，你没看到马上吃饭了吗？"在这种情况下，孩子的"狠话"很容易脱口而出，为了预防和阻止孩子说出你不爱听的话，你可以用"是的""一……就……"或者"等一等"这样的话来缓解他的情绪。如你可以说："是的，宝贝，咱们一吃完饭，你就可以出去玩了。"

不论孩子愤怒中说出来的话是多么令你伤心，你都要坚持自己的立场，其实，孩子并不是真正地讨厌你、痛恨你，而是恨你给他设定的界限而已，因此，不必把孩子的话放在心上。

专家妈妈贴心话

如果孩子在你给他设限的时候没有像往常一样说"狠话"，而是能通过理性的方式来与你沟通，妈妈要立刻表扬他，来强化他的这个行为。

♥孩子讨好大人会不会丧失自己的天性

苗苗妈妈在接孩子的时候，老师对她说，苗苗在幼儿园又干了件让老师赞叹不已的事情，中午小孩子们看电视时，老师在门口站着，苗苗竟然知道主动去给老师送了个凳子，让老师很感动。

苗苗妈妈听得很开心。但是，回家后她开始想得更多了：苗苗在和大人相处的时候，在很多事情中都能看得出她是个有眼色的小机灵鬼，很会看大人的态度做事讨好大人。但是这样似乎有点不太像个4岁的小孩子了。她会不会太按照大人们的标准去要求自己了呢？这样会不会委屈了她做小孩子的天性，而慢慢地失去了自己的真实个性了呢？

作为老师，是很喜欢这样的学生的，但是作为一个学生，他们会喜欢一个和老师走得太近的伙伴吗？苗苗以后这样的做法会不会造成其他孩子对她有别的看法，以至于会对苗苗不好，或者更进一步地说，会不和她玩呢？

面对类似苗苗这样的行为，做家长的有时比较难以判断和把握，甚至像苗苗妈妈这样产生矛盾的心理：既希望孩子获得大人的喜欢，灵活圆滑，善于变通，但又担心孩子为了迎合别人而失去真实的自我。其实无论孩子还是成年人，都会有"见风使舵"的时候，关键在于何时、采用何种方式是适宜的。

3～6岁孩子已经能理解语言指令和基本的行为规则，并且对产生的后果也能够有所预料，因此，讨好大人是他们调整行为的方法之一。从幼儿的心理发展来看，孩子能从成年人的行为或者脸色中得到反馈，调整自己的行为，可以说是孩子社会适应性的一种积极的表现。3～6岁孩子正处在开始学习判断、识别环境和自我行为的年龄，孩子喜欢看父母或大人的脸色行事是天经地义的。

像苗苗这样的孩子，很懂得让大人开心，她在小伙伴中的表现又如何呢？难道她只知道讨好权威吗？只要孩子在让别人开心的时候自己是自然快乐的，那就是她充满爱心的表现，如果她本意不想那样做，而却违背自己内心的想法，勉强去做，其实是可以通过她面部的表情和身体语言看得出来的，毕竟3～6岁孩子是不会伪装的。

如果孩子表里一致，并没有勉强自己，那应该为苗苗这样的小朋友感到高兴，说明她对他人的亲和性很强。如果孩子并不是表里如一的，那么家长要思考孩子的生活环境，是否存在着鼓励她为了他人而压抑自己的情况？是否在她按照自己的方式选择和做事的时候受到家长的贬斥和否定，而没有充分尊重孩子个人的主张？

这里需要强调的一点是，由于文化认同某些性格或某些行为，很多家长期望孩子的性格和行为更接近主流，有的家长因为孩子内向搞不好人际关系而焦虑，希望孩子活泼一些，有的则像苗苗妈一样，孩子知道揣摩别人的心思行事，又担心孩子是不是"见风使舵"，过于世故圆滑。其实，不论哪一种性格，都有其闪光的一面，一个孩子的心理、性格是否发展健康，并不在于是什么类型，而在于对自己个性的接纳程度，接纳程度高的孩子对自己的满意度也高，就会有高度的自尊。

很多时候，家长往往把自己不能接纳的评价投射到孩子的行为当中，在孩子身上寻找自己不能接受和不喜欢的东西，但是，过度的担心本来就有一种心理驱动力，会让你以自我求证的方式寻找到你认为的答案，这样会让孩子更加趋向于你不喜欢的那个行为。如你总是当着外人的面说自己的孩子"腼腆"，那么孩子就会更加腼腆下去，即便他本身其实并不怎么腼腆。

孩子的发展是自然流动的，在3～6岁这个时期，孩子表现出的行为有可能成为终身养成的习惯。如果我们将目光转到孩子身上积极的一面，孩子即便有消极的行为，也会很快转化或者变成其他的形态了。不论家长是如何为孩子好，但是结果造成孩子对自己的不接纳、不喜欢，那么就会给孩子幼小的心灵造成自我的冲突，缺陷感会始终伴随着孩子，这让孩子如何健康地成长？

专家妈妈贴心话

父母应该积极认同孩子的个性和行为中积极的一面，让孩子学会在集体交往中的社交技巧和为人处世的方式，而不是把关注点放在消极的方面。这样孩子才能按照自己的方式自然健康地成长，内心也会协调和平静。

♥不要轻易给孩子贴上"小偷"的标签 ✳

　　文文妈在文文写作业的时候发现她的文具盒里有支新铅笔，可明显不是自己给孩子买的，问起文文，文文说："这是因为我唱歌唱得好听，老师奖励我的。"可是文文妈侧面向老师打听了一下，根本就没有这回事。没过几天，文文又带回一个樱桃小丸子的小玩具，文文妈问这个玩具是从哪里来的时，文文回答说这是小朋友送她的。结果，文文妈再次从老师那里证实了文文又是从幼儿园偷偷拿回家的。最近一次，文文妈竟然发现女儿从自己口袋里偷拿了10元钱去楼下的商店买了10根棒棒糖，而这个棒棒糖是自己严令五申不能吃的，因为文文的大牙都已经因为吃甜食坏掉了。为了瞒妈妈，文文将自己的棒棒糖偷偷藏在枕头底下，结果还是被发现了。文文妈对女儿的行为很担心，这么小就偷拿别人的东西，长大了还得了！

　　偷拿别人的东西其实也是3～6岁这个年龄阶段孩子并非个别的现象。这个时期的孩子，还不能摆脱以自我为中心的思维特点，看到想要的东西，就想立刻得到。尤其大多数的孩子为独生子女，父母长辈很容易就满足孩子的物质需要，这就更让很多孩子产生"觉得好就想要"的心理。

　　另外，小孩子还不太理解私有财产的意义，越小的孩子对于自己和别人的东西越不能很好地区分，即使知道是别人的东西，因为想要，也会不考虑是否属于自己就想拥有。他们还没有建立"尊重别人财产权"的概念，更不明白"偷窃"的意思。

　　偷拿别人东西的孩子还与家长的关爱缺失有一定关系。如果家长工作都很忙，没有太多时间陪孩子，作为补偿的手段往往是给孩子买一堆玩具或者零食，这就会更加助长孩子对物质的追求，以此来满足自己的空虚与不安全感。如果家长不仅在精神上不能满足孩子，在物质上对孩子的提供也相当匮乏，那么，孩子就更容易利用别人的东西来满足自己。

孩子发生偷拿东西的原因还包含着一定的寻求刺激的心理，他可能会想：自己拿了别人的东西，他又不知道，多好玩、多刺激呀！孩子根本就不知道自己的这个行为叫"偷窃"。

明白了3~6岁孩子的这些心理特点后，很多妈妈可能会松了一口气，知道了问题其实没有那么严重。但是有些妈妈不懂这个阶段孩子的心理特点，指责甚至打骂孩子，这不仅严重伤害了孩子的自尊心，激发了他们的对抗和报复心理，还会让孩子对自身产生深深的厌恶，"小偷"的标签从此深深地印刻在自己的脑海里，成为了挥之不去的心理阴影。

因此，3~6岁孩子出现"偷拿"别人东西的情况是可以原谅的，但是同样也需要家长重视这个问题，因为这个阶段正是孩子好品行和好习惯塑造的奠定期，如果孩子到了童年期和青春期还出现这个问题，那问题就不会这么简单了。因此，坏习惯一定要遏制在萌芽阶段。

为了遏制这个不良行为的继续发展，妈妈可以做的是：

1. 适度满足孩子的物质和精神需求

孩子出现了任何事情，首先要从家长自身找原因：是不是平时我们对孩子不够关注？孩子适度的物质要求是否给予过满足？如果这两方面做得不够，应该在适当的时候满足一下孩子，不要让他再去通过这种方式来填补匮乏的心理。

2. 强调物品的所有权问题

帮助他认识生活中的物品所有权问题，如"孩子的""妈妈的""爸爸的"，如果你使用孩子的脸盆时也能和孩子打个招呼，孩子在动你东西的时候也会照着学样子，进而对别人的东西也会学着尊重。

3. 创造一个不让孩子做坏事的环境

有的孩子为了满足自己的需要偷偷地拿爸爸妈妈的钱，解决这样问题的方法是：不要在家里放太多的钱，并且把钱放在孩子够不到的地方。创造一个不让孩子做坏事的环境比揪出谁是"小偷"更有意义。

4. 让孩子当面归还所拿物品

如果一旦发现孩子拿了别人的物品，一定要孩子当面归还，并且道歉。如果孩子不肯自己一个人去归还，那你可以陪着孩子，你发自内心的道歉会激发孩子的耻辱心，培养他的自制能力。

专家妈妈贴心话

　　如果孩子知道了错误，再没有出现类似的情况，妈妈一定要记住永远不要再提此事，如果当别人提此事来刺激孩子时，一定要注意保护孩子的自尊，以免原本单纯的孩子从此背上沉重的精神负担。

♥让压岁钱成为培养小理财师的第一课 ✳

　　到了新年的时候，孩子们都能拿到压岁钱。当孩子是小宝宝的时候，他们得到的压岁钱基本都会全部收入到妈妈的囊中，可是大一些的小孩对钱已经有了一些概念，开始知道和妈妈争夺压岁钱的所有权了。可是，孩子往往不能把钱花到正当地方，但是你要硬行"充公"，孩子的心里就会不服气，产生愤怒和逆反心理，这样做甚至会破坏家庭成员之间的相互信任，破坏开明、温馨的家庭环境。这令很多妈妈犯愁，不知道该如何教育孩子的花钱问题。

　　财商的教育是非常重要的，因为在一个人的综合素质中，自信是第一位的，而赚钱最能培养人的自信心。因此，有必要从小就培养孩子的理财意识。对于广大中国的孩子来说，压岁钱的有效使用正是培养孩子理财的人生第一课，家长应该与孩子一起制订理财规划，使压岁钱成为孩子个人理财的起点。

那么，该怎么给孩子上理财课呢？首先应该让孩子对"钱"有基本的概念。

1. 应该让孩子认识钱币的种类和面额

为孩子准备一些面值较小的硬币和纸币（注意钱币的卫生），让孩子辨别各种钱币的不同之处，并且建立"大小"和"多少"的概念。你还可以结合日常生活，告诉孩子多少钱可以买一支铅笔，多少钱可以乘一次公共汽车，让孩子对钱的作用和多少钱能买什么东西有一个初步的印象。

2. 明确钱和劳动的关系

这一点对于进行3～6岁孩子的金钱教育尤为重要。你要让孩子知道，钱不是从爸爸妈妈包里想拿就能拿出来的，也不是到银行的取款机随便就能取出来的，而是爸爸妈妈通过辛勤劳动换来的，要告诉孩子"不劳动者不得食"的道理，从而使孩子对劳动产生尊重和崇尚的心理。有的家长为了培养孩子从小爱劳动的习惯，在家里实行"有偿劳动"，比如洗一次碗给多少钱，叠一次衣服给多少钱……让孩子体会一下劳动的辛苦和挣钱的不易，这对孩子是很好的教育方式，但是切忌做过头。

3. 教会孩子合理消费

在日常生活中，你可以带孩子一起购物、交费等，告诉他去一次肯德基要花多少钱，一个月的托儿费是多少钱，等等，让孩子建立初步的消费概念。与此同时，还要帮助孩子建立合理消费和选择消费的观念。

在对孩子普及完了基本的理财知识之后，就可以引导大一点的孩子来管理他的压岁钱了。

1. 设一个银行账户

对于6岁左右的孩子，可以在银行帮孩子开个户头，但仍由你协助孩子保管这个存折，这会让孩子产生一种长大了、变重要了的感觉。告诉孩子积少成多的道理，让孩子将压岁钱逐年存入，到需要时再取。这样既能让孩子不乱花压岁钱，又可以监督孩子日后的消费。

2. 为孩子建个小账本

孩子的压岁钱，有的数目较大，这时你不妨与孩子协商，用小账本将压岁钱的数目记清楚，用于下学年学习上的费用支出。让孩子自己计划管理，把每一笔支出费用协助孩子记清楚，比如学费、书费、购买文具费等，这样孩子慢慢就会养成会管理钱、会花钱、把钱用在该花的地方等好习惯，同时也培养了孩子的自立意识。

3. 两代合资买"大件"

为了防止孩子将手中的"巨额"压岁钱胡乱挥霍，有很多家长都是采用"合资"方式购买孩子用的"大件"商品，以此说服孩子掏"腰包"。如孩子想买一辆小自行车，就可以让孩子出一部分资金，父母出"大头"，这样不仅可以有效控制孩子的大额资金胡乱消费，还可以让孩子对父母产生感恩心理。

4. 向长辈表示孝心

长辈们给孩子压岁钱，表达了一种祝福，你应该向孩子解释这一情感。反过来，你也可以让孩子从压岁钱中拿出一部分来，再给那些长辈们买一些礼物，以表达一份孝心。这样无形中也培养了孩子孝心和对家庭中其他人的关注。

5. 奉献一份爱心

引导孩子为需要的人们奉献自己的一部分压岁钱，如赈灾、救灾、救助危难者、捐希望工程、为贫困落后地区的小朋友奉献爱心、帮助失学少年儿童上学、开展"一帮一"活动等，培养孩子助人为乐的精神。

　　不应在孩子面前故意回避金钱的问题，这是孩子在成长过程中不可避免要遇到的事情。如果在孩子使用钱的问题上处理不当，很容易使孩子形成不良习惯。有些家长在孩子使用钱上控制得很紧，孩子控制不住自己的欲望就会偷拿家里的钱，家长发现后更加控制，而孩子会更加叛逆，长此下去，后果不堪设想。让孩子从很小就认识钱、合理地使用钱、用正确的态度掌握钱很重要，在他真正有了钱的意识后，就不会对钱有太大的新鲜感，也不会因手头紧而随便拿父母的钱。

3~6岁，孩子心理障碍的常见现象

　　3~6岁孩子正是处于天真浪漫、无拘无束的时期，但是我们却遗憾地看到，原本应该活泼可爱的孩子却出现了种种心理问题，这让家长非常着急，生怕影响了孩子的美好未来。

　　孩子产生心理障碍有一部分原因是天生的因素所致，比如：妈妈在当年怀孕时不小心患上了传染病，或者中毒、营养不良、腹部受到了冲击，孩子出生时窒息缺氧、难产或产伤，这些都可能造成孩子的心理障碍。另外，3~6岁孩子应该上幼儿园，感受集体生活和接受启蒙教育，可是有的孩子因为种种原因没有上幼儿园，这样缺少集体生活感受和体验的孩子难免胆小、害羞，并且对一些新环境的适应能力较差。另外一个重要原因就是家庭教育因素，有的家庭过分溺爱孩子，使孩子产生自私、骄横和唯我独尊的不良心理；有的家长动辄对孩子责骂和恐吓，甚至殴打孩子，使孩子心生胆怯和抑郁；还有的家庭婚姻破碎或者父母感情不和，对孩子缺少关爱，使孩子从小就自卑、性格古怪；还有的父母在教育孩子上理念不一致，让孩子不明是非，无所适从，情况严重会导致孩子的双重人格。

　　3~6岁孩子常见的心理障碍有多动症、性识别障碍、孤独症、依赖症、儿童恋物癖、抽动症等，本章将逐一向家长介绍这些心理障碍，希望家长在了解幼儿心理发展特点的前提下，科学地教育孩子，对于孩子产生的心理障碍，能有效预防、识别以及早日诊治，用爱的阳光让我们的小苗苗壮成长！

♥ 在幼儿园里总是坐不住——多动症 ✳

　　志轩刚上幼儿园没几天，幼儿园的老师就向志轩的妈妈反映：这孩子太难管理了！吃饭的时候根本坐不住，一会儿站起来跑到屋子外面去，一会儿又揪女同学的小辫。老师讲课的时候，他也总是插嘴说话，批评他几次也不见效果。虽然在幼儿园只待了不到十天，但是却已经和班里的小朋友发生好几次冲突了。最后，老师小心地说："要不，您带孩子去看看，是不是多动症……"

　　"多动症"这个词汇大家并不陌生，平时，有些家长对自己调皮捣蛋的孩子可能会说："你是不是有多动症啊，就不能消停一会儿啊！"

　　那么，到底什么是多动症呢？多动症是哪些原因造成的？孩子得了多动症该怎么办呢？

　　多动症又称注意缺陷障碍，主要表现为注意障碍和活动过度，在行为举止上，多动症的孩子容易冲动，一般学习也很难学得好。本症男孩多于女孩，通常起病于6岁以前，但是由于上小学后有了一定的学习任务，多动症儿童的行为表现就显得更为突出，才会被重视和发现。多动症是一种十分常见的儿童心理障碍，约占儿童心理专科门诊病人的一半以上。

家长如果怀疑孩子患有多动症，可以参考以下的多动症诊断标准，当与大多数同龄孩子相比，下列行为较为频繁，且符合其中4项以上，并持续6个月的，就有可能患有多动症：

1. 需要静坐的场合下难以静坐，常常动个不停。
2. 容易兴奋和冲动。
3. 常干扰其他孩子的活动。
4. 做事常有始无终。
5. 注意力难以保持集中，常易转移。
6. 要求必须立即得到满足，否则就产生情绪反应。
7. 经常多话，好插话或喧闹。
8. 难以遵守集体活动的秩序和纪律。
9. 学习成绩差，但不是由智力障碍引起。
10. 动作笨拙，精巧动作较差。

要确定孩子是不是多动症，除了要参照上面的诊断标准外，家长还要多和幼儿园的老师以及其他监护者（如孩子长期由爷爷奶奶带）沟通，了解孩子的具体情况，之后到儿童心理（精神）卫生专科门诊进行系统的心理测验和脑电生理检查，才可以判断孩子是否是多动症。

由于多动症的孩子总是制造麻烦，这使家长很头疼，他们怀疑是不是孩子身体缺了什么元素？还是有其他原因？那么，多动症是如何形成的呢？

确实，如果孩子中枢神经系统的递质有缺陷、脑组织有器质性损害、遗传的因素这些生理性的原因都可能是造成孩子患有多动症的原因。除此之外，还有环境的影响，主要是不良的家庭环境，如家庭矛盾冲突、破裂家庭；或不当的教养方式，如严厉惩罚、过度溺爱、父母教养方式不一致，以及父母性格不良等，这些因素在多动症的发生、发展中也起着重要的作用。

患有多动症的孩子如果在早期没有得到良好的矫正和治疗，将来在成年后容易出现反社会性人格、社会适应不良、成瘾行为、违法犯罪以及精神病等重大问题。这是危害性较大的一种心理障碍。因此，对于多动症，我们提倡早期诊断和早期治疗。

如果孩子患了多动症，家长应该了解到病因的多样性之后，配合医生进行综合性治疗。症状较轻的儿童可通过行为疗法进行矫治，症状较重的在药物治疗的同时配合心理治疗有利于疗效巩固，对有情绪障碍的孩子或家庭教育不良导致社会心理问题的孩子，应予以针对性的心理咨询，必要时候需要全家一起做家庭治疗。一般的儿童心理（精神）卫生专科门诊还会使用脑电反馈治疗和进行感觉统合治疗，由于感觉更像是在游戏，这对孩子来说一般比较容易接受。

在教育方式上，多动症孩子的家长一定注意不要责骂孩子，过多的批评只会损伤孩子的自尊心，并且会让孩子产生逆反心理。家长尽量表扬鼓励孩子积极的方面和为了控制自己的行为而做出的努力，并且根据孩子的情况订立一些生活学习制度及规则，还应该安排户外活动以释放孩子过多的精力。

专家妈妈贴心话

由于多动症的孩子与那些顽皮的孩子的表现很相似，因此，家长一定要注意识别两者的不同：真正的多动症的核心表现为自控能力差，主要表现有以下四个方面：活动过多、注意力不易集中、冲动任性和学习困难。与好玩耍的孩子的本质区别在于：顽皮孩子对自己感兴趣的事情注意力非常集中，且行为有目的、自控能力很好，但是多动症的孩子却不能做到，即使让他做自己最喜欢的事情，他安静的时候也不能超过十分钟，让他做运动时，又表现出没有力气、不能协调的情况。

♥ 我到底是男孩还是女孩——性身份识别障碍

　　6岁的大亮走进心理机构的咨询室，他长得很文静、俊秀，带有几分羞怯，没说几句话就脸红，很喜欢依偎在妈妈的怀里，很像一个小姑娘。

　　而大亮的妈妈，就是因为大亮太像"小姑娘"而来。大亮生活在农村，上边有个姐姐，比大亮大两岁，小时候为了节省钱，妈妈就让大亮穿姐姐穿小的衣服。大亮父母本来就喜欢性格安静的漂亮女孩，看到大亮长得很秀气，也给他穿裙子、扎小辫，有时候还管他叫"二闺女"。平时大亮和姐姐玩的也是类似布娃娃这样女孩的玩具，过家家的时候一个当妈妈一个当女儿，都是女性的角色。平时姐弟两人很少与其他小伙伴玩耍。妈妈有时候带两个孩子上街，别人也都误以为是一对小姐妹。妈妈那时候觉得挺有趣，对此从没感觉有什么不妥。

　　由于农村的教育环境差，孩子都没有上幼儿园，到了上小学的年纪，却发现了问题。大亮一到学校，由于他举止文雅、十分爱整洁，还专门和女孩子玩，因此常会遭到同学们的耻笑，都说他"娘娘腔"，那些调皮的男孩子还经常欺负他，大亮不敢还手，只会哭。

　　妈妈在他上了小学之后要求大亮必须穿男孩的服装，并且一定要站着尿尿，可是这样的改变对什么事情都模仿姐姐的大亮来说很不适应，对于这样的安排，他非常抵触，并且因为总在学校受到讥讽，他说什么都不要上学了。妈妈意识到问题的严重性，因此找心理咨询师想办法。大亮对咨询师说：他喜欢穿女孩的衣服，男孩的衣服不漂亮，他不想穿。他也不喜欢男孩跑跑闹闹，把衣服弄得很脏。他觉得自己和姐姐一样都是女孩，他讨厌成为男孩。

　　大亮出现的症状就是典型的"性身份识别障碍"，就是搞不清楚自己是男孩还是女孩。一般来说，3岁左右的孩子就能识别自己是男孩还是女孩了，并且在行为举止上就已经有了性别的差异。但是，如果到了相应的年龄孩子依然不能正确识别自己是男还是女，或者行为举止更像异性孩子，那么家长就可以考虑自己的孩子是否是性身份识别障碍。这种情况出现的不多，一般出现在孩子3岁后。

如果孩子出现"性身份识别障碍"则可能出现类似大亮的症状，即男孩表现为女孩化，认为自己就是女孩，讨厌成为男孩。即便是接受了自己的身体与女孩有所不同的现实，但还是固执地认为将来长大了身体能长成和女孩一样。他们讨厌自己身上的性器官，希望它们自行消失或者被除掉。平时，这样的男孩只喜欢和女孩一起玩，喜欢穿颜色漂亮的衣裙和玩布娃娃玩具，不喜欢飞机、大炮和汽车这类的男孩玩具。

当然，也有的女孩表现为男孩化。她们认为自己是男孩，或者希望自己长大了变成男孩，讨厌女孩子的衣服和她们玩的玩具，整日和男孩子打闹在一起，喜欢穿男孩子的衣服，行为举止比较粗鲁。对自己的性器官非常不接纳，希望将来能长出阴茎，她们喜欢像男孩一样站着小便。夏天也喜欢光着膀子，但是到了乳房和性器官发育的时候她们会强烈意识到自己与真正的男孩是不同的，从而心理和生理产生严重的矛盾，造成深切的痛苦。

有性身份识别障碍的孩子到了青春期，就会爱上与自己生理性别相同的同性，因为在心理的感觉上，他（她）们认为自己是"异性"的，这也是很多"同性恋"产生的重要原因。

那么，导致性身份识别障碍的原因是什么呢？

首先，有生理和先天遗传的因素，比如性染色体、性激素出了问题，或者有的男孩天生就长得俊秀、性格文静，而女孩天生就多动、长得粗实。

另外，家庭的教养和态度对孩子的性心理发育的影响是很大的，这也是作为家长应该特别要注意的问题。像大亮的父母，从小就把大亮当成女孩来养育，并且鼓励大亮表现出女孩的行为举止，大人导演的是"假"戏，孩子却是"真"做了。久而久之，孩子从外表到内心世界都融进异性角色而忽略了自己本来应该归属的性角色。还有的家庭重男轻女，由于没有生出男孩，就将女儿当成儿子来养，给女孩穿男孩的衣服，鼓励女儿粗犷豪放的性格，也喜欢看孩子和男孩子一起打闹，这样的女孩长大了会表现出明显的男孩气质或者自认为自己就是男孩。这样的后果，完全是由父母的不当教育一手制造出来的。在第三章"'伪娘'有可能是被家庭教养出来的"一节里，曾经重点谈到了这个性别教育问题，可以参看相关内容。

但是，对于已经形成的性身份识别障碍的孩子应该怎么办呢？

首先，家长要改正对孩子不当的教养方式，应该培养孩子正确认识自己的性别，多和同性父母接近，给他（她）讲解男孩和女孩生理结构的不同，列举不同性别的特点，肯定孩子自身真正性别的优点，鼓励孩子多和同性的孩子一起玩，并且买给他（她）适合性别的玩具。同时要告诉小朋友们不要嘲笑孩子，尽量避免孩子在外受到伤害。对于这样的孩子，家长一定要有耐心，坚持不懈，直到孩子认可了自己真正的性别。在这个过程中，一定要避免粗暴的方式，更不能嘲笑和挖苦孩子。如果孩子是因为你的教育不当而产生了这样的行为，那么，你更应该做积极的努力来挽回自己的失误。

但是，并非所有的情况都是靠家长的不懈努力就可以改变的，如果孩子仅仅是因为家长的性别教育不当所致，那么，通过正确的教育是可以扭转局面的，但是，如果孩子是由于基因或者生理因素所导致性身份识别障碍则很难治愈，而且愈后不好。如果是这样的孩子，家长就要做好思想准备接纳孩子在性取向方面与主流社会的不同。

性取向本身没有对错之分，这是人的天性和权利。当然，在主流社会中做少数群体会承受很大的压力和承担极大的痛苦，但是，如果有父母坚定地站在孩子的后方给予孩子强大的支持，孩子所承受的压力和痛苦就会小很多，如果想改变孩子的性取向，让他（她）成为"正常人"，无论怎样努力恐怕都是徒劳无益的，父母能做的，只有理解和接纳。这是需要向父母们提前要打的预防针。

♥他只生活在自己的世界里——孤独症

4岁的祁琪至今无法上幼儿园，因为她是个孤独症患者。从外表看，她是那么可爱，但是，唯独她眼睛是冰冷的。祁琪的妈妈一谈起孩子就声泪俱下，后悔自己当初忽视了孩子的异常现象，以至于很晚才意识到孩子患有孤独症。

祁琪是个顺产儿，在1岁之前，妈妈还曾庆幸这孩子真好带！因为她不像别的孩子一样吵闹，总是很安静，大家都夸她很乖。但是那时候祁琪就和别的孩子有所不同，别的孩子如果离开妈妈的怀抱，或者妈妈在离开后返回家时，会伸手让妈妈抱，可是祁琪从来不会主动索求妈妈的拥抱，不仅对妈妈，对其他亲人也从来没有表现出很依恋的样子。尤其是目光从来不愿意与人交流，当妈妈有时候抱起她让她的脸面对自己时，她也总是将自己的目光移开。当时，因为孩子年纪小，妈妈也就没放在心上。祁琪1岁之后，妈妈上了班，由外公外婆来照顾孩子。按理说1岁多的孩子已经开始会说一些简单的词汇了，可是祁琪还只是会发出"啊啊"的音，老人说孩子说话有早有晚，年龄大点自然就会说话了，由于妈妈和爸爸都忙工作，也没有把孩子说话的事情放在心上。

祁琪2岁多了，依然不爱说话，但也能发出"爸爸、妈妈"的音来，祁琪妈以为孩子就是太孤僻了，就把孩子送到了幼儿园。这一下，祁琪与其他孩子的反差一下子就变得很明晰了，幼儿园老师观察到祁琪到了幼儿园只是不停地来回跑，喊她的名字，她也不理不睬，好像什么都没听见一样，不论问她什么，她都不回答。她也不和其他小朋友玩。上幼儿园的第一天，因为小朋友拉她一起玩，她就把小朋友的手用力甩开，还推了这个小朋友一把。毕竟幼儿园的老师有一定的经验，她怀疑孩子患有孤独症，并认为孩子无法上正常的幼儿园。

祁琪妈妈这才重视起女儿的问题来，她发现女儿确实与其他的孩子有很大的不同，她就喜欢跑来跑去，很难让她停下来，或者有时候低着头一个劲用脚踢墙，一踢就是好几个小时。她只喜欢看圆的东西，对所有圆形的东西都非常感兴趣，盯着不停地看……

孤独症也叫自闭症，是一种广泛性发展障碍，以严重的、广泛的社会相互影响和沟通技能的损害以及刻板的行为、兴趣和活动为特征的精神疾病。根据调查，孤独症儿童的发病率为1/150，目前全球约有6500万患者，我国有患者约700万人以上。孤独症男女发病率差异显著，男女的比例约为4：1，在我国比例似乎更为悬殊，约为6：1~7：1，孤独症儿童数量近年有逐年上升的趋势。

祁琪身上所表现出来的行为，都是孤独症的典型症状。首先表现在社会能力缺陷方面，在婴儿期她就表现出不与人有目光接触，而且对父母也没有亲切的依恋；当喊她的名字时，她也表现得无动于衷。她对其他小朋友也不感兴趣，不愿参加小朋友的游戏。

语言发育障碍在孤独症中很普遍。祁琪尚且还有一些语言能力，能发出"爸爸、妈妈"的音来，有的孩子则只会发出古怪的尖叫声，无论是高兴、生气、有需求或其他时候，均只会以叫声表达。有的孩子虽然有一定的语言能力，但是根本无法与人交流。但是，如果你不理解他的需求时，他会用尖叫、哭闹和激烈的行为表达不满的情绪，有的时候，会让家长无法控制局面，给家长带来深深的痛苦。

在兴趣和行为模式方面，患有孤独症的孩子也与其他正常的孩子有很大的区别。如祁琪对圆形的东西非常感兴趣，喜欢不停地来回跑。有的患儿则对旋转的东西感兴趣，有的喜欢总是拿着一个玩具，不管走到哪里都不撒手，有的则喜欢不停地笑……总之，他们都有一些不寻常的兴趣或特殊行为，但是兴趣非常狭窄，行为模式也非常僵硬并且十分执著，不容易改变。

孤独症的病因至今未明，可能包括：心理因素、遗传因素、围产期并发症、器质性因素等。也正是因为病因不明，所以很难对症下药。家长必须在日常相处时，注意观察，及早发现，有些问题还是及时找专家诊断，找出不同病因，及时合理治疗，2～6岁是治疗自闭症的最佳时间段，因为这一阶段大脑的分化刚刚开始，可塑性最大，发现和治疗得越早，效果越好。

到目前为止，所有治疗孤独症的药物尚在研究之中，最重要的治疗方法是早期开展培训。最好能在两三岁就开始，这样他获得的技能会比年龄较大才接受培训的孩子更多、更好，尤其在语言能力方面。孩子掌握了语言，社会交往也能得到提高，主动性交往也会增多，其他的问题也会相应得到改善。但是，不能单一地培训某一方面的能力，而应根据孩子的具体情况，制订个别化、系统化的培训方案，坚持长期的培训，争取让孩子能回归主流社会。孤独症的康复是一个长期甚至是终身的训练过程，而且相当消耗护理人员的时间和精力，这对父母来说也是一个严重的考验。

　　需要注意的是，有些人为的教育也有可能让孩子患上孤独症。有的家庭过于溺爱孩子，过分关注和过分满足孩子，孩子一抬手一投足，大人就领略了孩子的意思，替孩子将一切都办理好了。孩子任何事情不用亲自动手和动口就能得到满足，在语言和动作发展的黄金期就会得不到开发和锻炼，使得孩子生活空间狭小，最后导致不说话、不合群、不爱与其他人交往的社会能力缺陷。

♥她走到哪里都要带着玩具小熊——儿童恋物癖

　　兰兰都已经上幼儿园中班了，可是她仍然在幼儿园里不能放下她的宝贝玩具小熊，即便是写字、做手工的时候她也要把小熊放在桌子上。如果幼儿园有小朋友碰了她的这个宝贝，她就会对人家怒目相向，更不要提有调皮的孩子故意拿走她的玩具小熊了——她能舍命索要回来。回到家里，兰兰也依然对小熊不离不弃，睡觉的时候也要搂在怀里，有时候睡得迷迷糊糊的时候，小手摸不到小熊，她就会立刻紧张地醒来，哭闹不止，直到妈妈帮她把小熊塞到她的怀里。

　　兰兰妈深为女儿的这个"癖好"所累，另外，兰兰在幼儿园的表现也很让妈妈担心，她不喜欢和小朋友说话，也不怎么喜欢和其他孩子玩，性格上有点孤僻，平时就爱抱着小熊和它说话，兰兰妈觉得这个孩子有点"神经质"，实在是很难带。

　　其实，兰兰的这种行为就属于"儿童恋物癖"。儿童恋物癖是一种离了某一样陪伴惯了的东西就忐忑不安的行为，这样的孩子怕见生人，回避集体活动，不敢与人说话和交往，胆怯退缩，表情淡漠。

有的孩子像兰兰这样对某个玩具很依赖；也有的孩子对使用过的毛毯、枕头等物品有特殊的感情，睡觉的时候一定要搂在怀里；还有的孩子对妈妈的身体某个部位有特殊的感情，如平时一定要抱着妈妈的胳膊才能睡着；有的孩子一定要吮吸着手指头才能入睡等，儿童恋物的对象是有很多种类的。

据有关儿童心理专家研究表明，"儿童恋物癖"一般是因为安全感匮乏引起的，由于安全感得不到满足，他们就把情感寄托在某些物品上。在心理成长的过程中，每个儿童或多或少会对某种物品产生一定的依恋，也就是一两件他们认为非常珍贵的东西，这些慰藉物品有可能是孩子睡觉时候使用的小毯子，也有可能是妈妈的一件柔软的衣服。孩子为什么如此依恋这些物品呢？那是因为孩子面对变幻莫测的世界感觉恐惧，尤其是当夜晚来临时，黑色笼罩一切，孩子想睡觉但又怕有什么危险发生，而自己那时候已经失去知觉，于是他就紧紧抱着能带给他安全感的东西以获得安慰。这些都是较正常的现象，当孩子长大一些，对自己的生活有了更多的把握，对事物的规律有了一定的掌握之后，这样的现象就会慢慢消失。因此，对于孩子的这种行为，家长无须强行制止，如果制止，只会加重孩子的不安全感。

但是如果像兰兰那样一直过于依恋某一个物品，并且对社会交往产生了一定的回避倾向，就需要家长有所注意了。事实上，"儿童恋物癖"就是一种轻微孤独症的表现，容易发展出敏感退缩、忧郁脆弱的人格特征。

既然缺乏安全感是孩子产生"儿童恋物癖"的根本原因，那么家长就应该从加强孩子的安全感来着手改善问题了，努力创造一个开放、温暖、互动的家庭环境，转移其注意力。

如今的家长基本都很重视早期教育，在孩子很小的时候就送到这样那样的兴趣班来学习，但是却缺少和孩子亲子互动的意识。对于3~6岁孩子来说，虽然不像3岁前的宝宝那样总是需要妈妈抱，但是，妈妈经常性的拥抱和爱抚，以及亲人温馨的身体接触也是这个年龄段孩子心理健康成长所必需的养料。

有的家长认为孩子3岁之后还总搂搂抱抱的对孩子是一种娇惯的表现，但是，孩子独立的成长和这种亲密的身体接触是不矛盾的，缺少与亲人亲密身体接触的孩子，心理上会缺少安全感，也不能发展出健全的情感生活。因此，每天早上孩子上幼儿园之前，给他一个拥抱和亲吻，是他一天有无安全感的关键，晚上回来时，再给他一个拥抱和亲吻，能让他安静地度过一个晚上而不是哭闹着想引起你的注意。不要在孩子表现好的时候才给他亲吻和拥抱，这样会让孩子觉得你的爱是有条件的，经常抚摸孩子的头部和背部，让孩子体会到父母对他的爱。尤其在孩子害怕、受挫和失败的时候，更要紧紧抱着孩子，告诉孩子："不要怕，我在这里陪着你……"有了父母强大的爱做后盾，孩子就会慢慢脱离对物品的依赖。

有的孩子过早一个人独立在一个房间睡觉，如果处理不好，也可能会感觉安全感不足而对某种物品特别依恋。孩子本能害怕黑暗，如果强硬将孩子与父母分开睡觉，孩子由于恐惧安全感会很低，因此，即便是希望孩子独立，也要做好慢慢过渡的准备。刚开始应该陪伴孩子，等到孩子睡熟了之后再离开，而一旦孩子有了动静或者哭声，尽量要赶到孩子身边，让孩子知道，不论发生什么事情，父母都会第一时间来帮助其共同面对。在本书前面"宝宝分房睡觉所带来的种种烦恼"一节里，曾对这个话题有过一些具体的建议，可以用来参考。

平时，还应该注意不要让孩子过早接触那些血腥暴力的电视镜头，一些过于悲惨的童话故事也不要讲给孩子听，或者在讲故事的时候故意淡化这些情节，以免给孩子心灵留下阴影，造成恐惧。

孩子如果依恋一些物品，会总拿在身边，这时候要注意这些物品的清洁，以免给孩子造成卫生上的危害。

平时父母也应该给孩子多一些赞扬和鼓励的话语，这些话语会在无形之中滋养孩子的安全感和价值感，"你做得真好！""无论怎么样我们都爱你。"这些话语传递的是：我在乎你，你是最重要的、最可爱的，这样可以让孩子的内心产生对自我价值的认同和无比坚实的安全感。

♥孩子说话口吃怎么办——语言障碍

孩子到了3岁，语言能力有了很大的提高，有时候回到家，还能和父母讲述一些发生在幼儿园的事情。但是，有些父母发现，孩子在讲话时候，总是结结巴巴，有时候会"我、我、我"的重复很多次，才能衔接上下一句话。超超的妈妈看到孩子这样就非常着急，很担心孩子将来成为结巴，就大声训斥孩子："不许说我、我！"结果超超慢慢越来越不爱说话了，偶尔讲事情，也改不了这样的方式。当他想表达而又表达不出来的时候，他就会大发脾气，有时候甚至用摔东西来发泄情绪。

3～6岁孩子最容易发生这种"口吃"的现象，这是一种常见的语言流畅性障碍，主要表现为说话时某些字或音的重复，如超超就总重复"我"这个字，这种类型叫做连发型口吃；还有的口吃类型表现为经常把某个字音拖长，如"老——师"、"幼——儿园"，这种类型叫做伸发型口吃；另外有一种类型的口吃表现为反复说一句转接口语词但是不连贯的话。比如"这个——这个——"，这种类型叫做阶发型口吃。3～6岁幼儿口吃的发生率最高，此阶段正处于孩子语言的快速发展期，大约有5%的孩子会出现口吃，主要以连发型口吃为主，其次是阶发型，一般是由连发型向其他两种类型发展，但绝大多数能自然缓解或被纠正。

孩子形成口吃的原因有很多种，除了遗传、疾病等原因外，造成这种情况的主要原因是心理方面的因素，当然，这也和父母的教育方式有很大关系。通常来讲，造成孩子口吃现象出现有以下几种因素：

1. 大脑里词汇缺乏

3～6岁孩子正处于具体形象记忆阶段，虽然认识的事物很多，但是真正掌握的词汇较少，而且也不牢固。当孩子想表达一件事情的时候，他在大脑里一时搜索不到合适的词汇，再加上发音器官尚未成熟，对某些发音感觉困难，而神经系统调节言语的机能又差，因此，年龄越小的孩子越容易出现口吃的现象。

2. 神经紧张

神经紧张也是引发孩子口吃的因素。如果孩子从小接触的事物少，当他遇到新环境或者陌生人时，就会因为紧张而造成口吃。或者孩子抢着和别人说话，很想表达自己的看法时也会因为激动和大家对他的关注而口吃起来。

3. 父母训斥

当孩子出现口吃时，有的家长会像超超的家长一样大声训斥孩子，或者压制孩子说话和申辩的机会，这会让孩子因为自卑、焦虑和退缩而口吃得更严重，或者出现超超那样大发脾气的现象。

4. 突发事件

一些突发的事件给孩子造成了重大的精神创伤也有可能引起孩子的口吃。如突然搬家、父母去世、被父母打骂、突然受到惊吓等，这些都会引起孩子心理上的冲突、恐惧、焦虑和不安，成为导致孩子口吃的导火索。

6岁前的孩子口吃，如果是因为心理障碍，则可以慢慢纠正的，但是如果孩子性格内向，讲不好话又经受不住周围环境施加的精神压力，长期处于紧张状态，或者过于注意自己发音重复，久之固定成习惯，口吃就会真正形成了。要矫正这种情况，主要靠父母的教育手段和技巧。

1. 给孩子创造轻松的讲话环境

在态度上千万不要斥责孩子，不要很强调地说"你又口吃了""你怎么连话都说不清楚"之类的话，也不能讥笑孩子或者模仿孩子口吃，更不能惩罚孩子，这样做不仅对孩子的口吃情况于事无补，反而会让情况变得更糟糕。当孩子表现出口吃的时候，不要表现得很关注的样子，就当什么事情都没有发生，但要耐心地听孩子说话，让孩子将语速放慢，不用着急，语调也可以降低一些，轻柔的说话可以防止口吃。孩子的心态放轻松，讲话就能更流畅一些。

2. 多让孩子讲话

除了平时多注意和孩子讲话之外，还可以让孩子念儿歌、讲故事，或者引导他讲讲幼儿园发生的有趣的事情，总之，要多多练习，尽量让孩子怀有兴趣去讲，但又不能让孩子感觉有负担。

3. 注意短语的第一个字的发音

孩子口吃一般是因为对短语的第一个字发音感到困难，如果发音过重或者过急，就可能产生口吃现象。因此，要引导孩子在说句子的第一个字的时候要缓慢，之后再逐渐大声过渡到第二个字，慢慢让孩子形成这样的习惯，就能预防口吃的毛病。

4. 培养孩子的胆量

有些孩子口吃是因为内向和懦弱的性格。家长可以多带孩子和陌生人接触，多参加一些群体活动，让他们的性格有所改善。在减轻了紧张的情绪之后，孩子口吃的行为也可能会逐渐改正。

5. 不要有补偿心理

对于年龄已经较大，口吃很难矫正的孩子，有的父母觉得孩子很可怜，所以格外溺爱他，这样做对孩子没有什么好处。应该让他知道，自己虽然有口吃的缺点，但也有其他人不具备的优点，鼓励孩子正视自己的缺点，不要惧怕别人的嘲笑。

专家妈妈贴心话

　　3～6岁阶段正是孩子学习语言的关键时期，而这个阶段，孩子又非常喜欢模仿别人。如果孩子模仿一些口吃的成年人，自己就可能变得口吃起来。因此，家长一定要注意尽量避免孩子有这样的模仿行为，也要让幼儿期的孩子少和口吃的人过多接触。

♥孩子挤眉弄眼是因为控制不住——抽动症 ✳

　　上幼儿园大班的高见最近总是做鬼脸：皱鼻子、摆头和点头，这些行为总是交替进行，高见怪态百出的样子逗得小朋友们哈哈大笑，搞得老师拉不回小朋友们的注意力。在这之前，高见总是不停地眨眼睛，那时候老师没太在意，以为他眼睛可能不舒服。没想到，现在高见不眨眼睛，却开始"做鬼脸"，扰乱课堂秩序了，老师责怪高见故意淘气，还批评了高见，高见委屈地掉眼泪说自己停不了，不动的话就感觉不舒服。尤其是最近，高见又出现了新的症状，就是不停地摇头、耸肩，喉咙里发出"呃呃"的吸气声，严重地影响了幼儿园的同学。而且有的同学还嘲笑和模仿他的样子，结果高见说什么也不再上幼儿园了，高见的父母看到孩子这样也很着急，高见从小体质就很好，性情也活泼好动，难道这是得了什么病？

　　确实，高见这些行为并不是孩子有意而为之的，他无法控制自己的肌肉抽动，医学上称之为发声与多种运动联合抽动障碍。

　　3～15岁是这种病症的多发时段，其中，7～8岁为起病高峰年龄段。因此，不仅是幼儿阶段的孩子，小学和初中阶段的孩子也可能会患有此症。以往医学界认为本症属神经系统疾病，但近年来发现有一半的患儿伴有行为和学习问题，是一种慢性神经精神障碍。一般来说，男孩较女孩多，比例约为3∶1。

运动性抽动表现为短暂、快速、突然、程度不同的不随意运动，开始为频繁地眨眼、挤眉、吸鼻、撅嘴、张口、伸舌、点头等。随着病情进展，抽动逐渐多样化，轮替出现如耸肩、扭颈、摇头、踢腿、甩手或四肢抽动等，常在情绪紧张或焦虑时症状更明显，入睡后症状消失。发声抽动常有多种，具有爆发性反复发声，清嗓子和呼噜声，个别音节声，字句不清，重音不当或不断口出秽语，性格多急躁、任性和易怒。抽动症症状呈波动性、进行性、慢性过程。

发声抽动多在运动抽动发作后1~2年出现，也有以发声为首发症状的。两种症状交替或同时出现。

抽动症严重的孩子还可能会出现强迫动作，如控制不住地反复做一件事情，有的出现精神症状，如猥亵行为：摸自己或他人生殖器、乳房，脱裤子，窥视母亲洗澡等，明知不对，但无法控制自己；甚至出现无法克制的、严重的、反复的自伤行为，如咬自己的手指、打击自己的身体致损伤、感染等。

抽动症发生之前，孩子还常出现多动症的症状，表现为好动、上课不专心听讲、喜欢打扰别人、任性冲动等，学习虽然困难，但是智力大多数正常。

儿童多种抽动症的病因仍不清楚，可能与精神因素、躯体因素、遗传因素、神经递质代谢障碍、发育问题有关。据高见的奶奶回忆说，高见的爸爸小时候也有过总是眨眼和点头的行为，只是那时候没太在意，大人都忙生计没那么多精力去管孩子，结果后来他自己也就慢慢好了。

像高见爸爸当年的症状，应该属于弱抽动障碍，对自己的学习和生活没什么大的影响，因此并没有引起家长和其他人的过多关注，慢慢就消失了。大多数的抽动症如高见爸爸这种情况，是可以随着年龄增长而减轻或自行缓解的。因此，那些对日常生活没有多大影响的孩子是不需要治疗的。

但是，如果病症时好时差、起伏波动，新的症状代替旧的症状，或在原有症状的基础上又出现新的症状，以后变为了持续性病程。这样的情况一般需要住院治疗，依靠药物的帮助。

对家长来说，视症状的不同程度，应该区别对待。

对于那些短暂有眨眼睛、耸肩膀的孩子来说，可能是由于孩子正在成长的神经系统中发生了肌肉痉挛和抽动，因此孩子才不由自主地发生了这样的行为，单纯的抽搐并不是严重的心理紊乱或者是潜在疾病的信号。因此，家长不必担心，更不要采取一些粗暴的手段让孩子停止这样的行为，最好的方式是表面上忽视，内心里注意观察，不要让孩子看出来你很在乎他的这种抽动，以免孩子紧张反而强化了抽动行为。

症状较轻或者在出现症状的一年之内，家长还可以采取心理干预的方法，比如为孩子提供丰富多彩的环境、充分规律的睡眠，通过避免孩子过度疲劳、减缓心理压力来缓解症状。

抽动症严重的孩子，除了在医院进行系统的治疗之外，还需要注意以下几项，消除引发病症的诱因：

● 帮助孩子制定合理的作息时间，不可过度劳累，要保持足够的睡眠。

● 不要让孩子参加剧烈运动及重体力活动。

● 学习时间不宜过长。

● 治疗期的饮食也要注意不吃油腻、生冷、含铅量高的食物，服药期间不吃辛辣、海鲜、方便面、膨化食品，应以清淡佳肴为宜，适当补充营养。

● 每天看电视时间不可超过半小时，且不可看过于激烈、刺激的画面，对于重症者应避免看电视。

● 避免使用电脑，如确有学习需要，每次使用电脑不宜超过半小时，严禁杜绝过度使用电脑或玩游戏。

● 季节交换期，尤其是春、秋季为感冒高发期，应注意患儿的脱衣、穿衣，谨防感冒，因为感冒极易引起孩子症状复发和加重。

专家妈妈贴心话

　　患有抽动症的孩子很容易引发敏感自卑的心理，由于别人的嘲笑和歧视还可能会产生攻击性的行为，严重了还可能会危害社会和他人。因此，家长一方面需要接受医生的帮助，另一方面一定要注意维护孩子的自尊心，在孩子有抽动行为时尽量做到视而不见，不去关注他的症状，平时也要多给孩子鼓励，培养孩子建立自信，缓解压力。与幼儿园的老师也要沟通好，避免孩子在校受到小朋友的嘲笑和讽刺。

♥孩子半夜总从噩梦中惊醒——睡眠障碍

　　小荷是一个5岁的女孩，她最近常常在上床睡觉后半个小时左右突然坐起，大声哭叫，双眼盯着前方，面部表情惊恐，面色苍白，全身大汗淋漓，显得异常害怕。爸妈试图安慰她和唤醒她，但是她毫无反应。在这种恐惧状态持续数分钟后她又很快入睡，当第二天问她晚上为什么坐起来哭叫时，她根本就不记得了，也说没有做过什么噩梦。这种现象经常发生，约半月至一个月出现一次。父母为此带她看过几家医院，做过脑电图和CT检查均未发现异常。

　　像小荷这样的"夜惊"是儿童睡眠障碍中比较常见的现象。其他儿童睡眠障碍还有睡眠不安、入睡困难、梦呓、打鼾、磨牙、遗尿、梦游等。但是，孩子如果存在这些睡眠障碍，那么睡眠质量就很难保证，从而影响其健康发育。例如促进孩子长个子的生长激素大多是在夜间分泌的，如果孩子睡不好觉，就会直接影响身高。此外，睡眠不够充足的孩子白天的精神也不容易集中，记忆力也会有所减退。因此，孩子的睡眠质量差会直接影响孩子的身体和智力发育。

夜惊具体是指睡眠中突然惊醒，两眼直视，表情紧张恐惧，呼吸急促，心率增快，伴有大声喊叫和骚动不安，发作时间只有几分钟，发作后又继续入睡，早晨醒来后对发作没有任何回忆。夜惊通常在睡眠开始后15~30分钟内出现。

引起夜惊的原因有可能是因为家族史的遗传；还有因为脑发育不良，建立睡眠规律的速度慢和困难；身体疾病与环境的变化也会打乱睡眠节律而导致夜惊；有的父母让孩子睡前吃得太饱，或被子盖得太厚而发热，刺激孩子在睡眠中醒来；孩子睡觉时双手放在胸口也会因为压迫心脏而产生胸闷和压迫感，容易做噩梦；家庭经常发生矛盾冲突、父母关系不和、或者有一方情绪不稳定、分离焦虑等不良的家庭因素也可能导致夜惊；睡前听了恐怖的故事或者看了恐怖电影、白天受到了威胁和责骂、精神上受到了什么打击等。这些外界刺激印在大脑里，到睡眠时，会引起某一部位强烈的反应而使孩子出现夜惊。家长要分析原因来消除这些不良的因素。

当然了，在寂静而极度困倦的午夜里，如果孩子尖叫和哭闹，确实会令人感到非常的烦躁，而且还要担心是否会影响到邻居的休息，会不会有人来敲你家的门。这时候有的父母会大声吼孩子："哭什么哭！吵死人了！"有的家长会把孩子弄起来，试图让孩子清醒以便从恐惧的意识中解脱出来，这样人为地唤醒了孩子，干扰了他们自己重新入睡的机会，本来几分钟能自然睡过去，但是因为父母的干扰反而会使孩子哭闹的时间更长了。还有的因为自己的睡眠被打断而情绪恶劣的家长干脆打孩子的屁股让他"闭嘴"。这些举措只会让孩子在本来"夜惊"的基础上更加"受惊"，从而哭闹也就更加升级，事情变得一塌糊涂。

一些家长看到孩子夜惊，可能会拿桃木剑或者护身符之类的东西帮孩子"驱邪"，其实，这样更多的是安慰成年人自己的心理而已。创立一个良好的家庭氛围，平时不要给孩子过大的压力，也不要对孩子要求过于严厉和苛刻，少大声责骂孩子，切勿威胁孩子"不要你了"，帮助孩子建立稳固的安全感，这些才是消除孩子夜惊的根本措施。当然，如果属于器质性病变的情况除外。

夜惊一般不需要特殊治疗。随着年龄的增长，夜惊现象会自行消失。但是，如果孩子长时间如此，应该去医院查一查是否有其他的原因（如痴呆、脑瘤、癫痫）所致，是否需要药物来治疗。

3～6岁孩子大多数都很难分清什么是想象，什么是真实的，因此，不论你说多少遍"你梦见的那些东西是假的"，对那些因为做噩梦而睡不好觉的孩子来说都是徒劳无益的。孩子如果因为做噩梦而惊醒，合适的做法是不要对他描述的情况反应太激烈，也不要取笑他，应该用他能理解的方式来帮助他克服恐惧的心情。首先要承认孩子确实害怕，不论他说的情况是多么可笑，听上去是多么荒唐，你要承认孩子感到害怕的真实感受，如果你说："你看上去很害怕。"这样比"有什么可害怕的？（质疑孩子的感受）""根本就没有你说的可怕妖怪。（否定孩子的感受）"更能安慰孩子，从而让他感觉你是理解他的。

专家妈妈贴心话

当孩子由于看到或者听到一些恐怖的事情而夜晚总是噩梦连连时，你可以在睡前提供给孩子一些符合他们理解能力的建议。如梦见被坏人或者妖怪追杀时可以使用魔法让自己飞起来，或者将自己变成隐形人，让他们看不到等。孩子的想象力非常丰富，你可以在入睡前将这些"有用"的方法教给他们，这对这个阶段的孩子很有效。

♥ 离开妈妈就生病——分离焦虑 ✳

　　每逢到一年的三月和九月，幼儿园都会迎来一批新入园的小朋友，而这些小朋友没几天就会陆陆续续地生病，这已经成为了幼儿园老师们见怪不怪的现象。孩子们从备受家人照顾的环境中来到一个一对多的幼儿园环境中，无法得到家里独享的关注和细致的照顾，环境上有了巨大的改变，更重要的是"心理断乳"——与亲密的家人分离，独立面对一个陌生而又充满竞争的环境，从而产生严重的分离焦虑。

　　不仅孩子上幼儿园，平时妈妈（如果主要是由妈妈带孩子）要是想出去享受一会儿自由，有的孩子都不会给妈妈这个权利。晴晴的妈妈说自己很想和老公能找个时间独自出去享受一下二人世界，晴晴的姥姥也说愿意支持女儿放松一下，可是问题是，每当晴晴妈妈想要离开女儿，她都会大哭大叫，回来后她还会调皮捣蛋折腾人，真不知道该如何帮助孩子消除这种分离焦虑的情况。

　　分离焦虑是指婴幼儿因与亲人分离而引起的焦虑、不安或不愉快的情绪反应，又称离别焦虑。分离焦虑是幼儿焦虑症的一种类型，多发在6岁前的孩子身上。

　　几乎所有的孩子在6岁前都发生过不同程度的分离焦虑，这些分离焦虑也在一步步见证孩子的成长过程，不仅是现在，将来孩子离开家去旅行或者去学校住宿同样还会面临这个问题。

　　发生分离焦虑的原因主要是孩子难以应付变化了的环境，亲人离去后缺少安全感，另外也与家长的教育策略有很大关系。

　　关于孩子上幼儿园而产生分离焦虑如何应对的内容，已经在"孩子不上幼儿园或许与你的焦虑有关"一节中有所提及，这里就不再赘述。

面对孩子分离时候的哭闹，尽量不要使自己崩溃，忍住不要让自己妥协，一定要保持冷静的态度，强调你一定会回来的。那些3岁左右的孩子恐怕听不懂你所谓的"1个小时后就回来"这样的时间词语，你一定要将你回来的时间与他的活动或者时间表联系起来，如"你睡完午觉我就回来了"，这样有助于孩子理解分开这段的时间概念，让他心里有数。

如果你和孩子一起离开家会缓解一部分分离焦虑，如周末老板忽然叫你去加班，你可以让爸爸带孩子去公园，你们一同出门就比你一个人出门让孩子能更容易接受。

或者当你要离开家时，让家人安排孩子最喜欢的活动，你可以在他进行得正兴高采烈的时候离开，孩子可能会哭闹一阵，但是由于有那个感兴趣的活动，他就很有可能会转移注意力继续玩他的东西。

要承认孩子不想让你走的情感，但绝不鼓励他这个行为。你可以说："我知道你不愿意看到妈妈离开家而不带你去，我也知道你心里很难过，可是我会回来的。"不管有多困难，也要将他的小手从你的裤子上拿开，像平时那样与孩子告别，微笑而坚定地离去，记住，千万不要往后看，断然的态度很重要，你越犹豫和不舍，孩子就越觉得你走之后他的环境越不安全，就越缠住你不放。因此，一定要克制住自己，先将内心的焦虑彻底甩掉，在孩子面前不显露出蛛丝马迹。如果在父母的脸上流露出哪怕一点点的焦虑，对孩子来说都是雪上加霜。

如果有可能，回来时尽量要给孩子带回他期盼的东西，如"我今天加班会很晚回家，你睡觉的时候恐怕我也回不来。但是明天一早你一睁开眼睛就会看到我，我们还一起吃早饭，之后做你喜欢的体操。"或者最直接的："我会买你一直想吃的草莓口味的饼干给你。"当然，你说到一定要做到。

在与孩子分离时，最忌讳的就是"偷偷地溜走"，当孩子找你时发现你不见了，而又没有人和他解释原因的时候，他会感到被抛弃和受骗了。

很多妈妈面对分别时候孩子的痛哭心里都很难受，你可以在离开后打个电话问问孩子的情况，这样也可以缓解自己的焦虑。但是，一般情况下，电话那边的家人都会告诉你：你一离开，孩子就不哭了。

有的时候由于出差或者住院治疗，你可能不得不长时间离开自己的孩子，这时候更要讲究一些策略，事先做一些准备，否则孩子由于长时间见不到你，又不能理解别人对他的解释，就会长久地陷入被抛弃的恐慌中。例如：你要出差，就要先和孩子玩"妈妈出差"的游戏，在游戏中告诉孩子自己工作的情景，以及孩子可能对你的想念，之后来一个"回家见面篇"结束，反复地和孩子演这个过程，让孩子在大脑里对这件事情有了一个预知，这样当妈妈真的离开时，他就会容易接受一些。

专家妈妈贴心话

如果妈妈由于带孩子而缺少属于自己的时间，久而久之就会脱离朋友圈子和自己的兴趣爱好，这样的妈妈可能会因为缺少自我的原因反而不能与孩子有高质量的亲子关系和夫妻关系，常见的是唠叨、埋怨，因为她做出了太多的"牺牲"。如果一旦对孩子产生烦躁和不得不为之的任务感觉，而面对分离时孩子的依恋又不能痛下决心去追求片刻的自我宁静时间，"孩子离不开我"最终就会造就了一个"孩奴"妈妈，这其实无论对自己、对孩子和对丈夫都是不利的。离开孩子一段时间，给自己心灵一个喘息和自由的空间，这不是不管孩子的"自私"，而是对整个家庭更有利的一件事。

♥忽然变成了"小哑巴"——选择性缄默症

小欣在家里是个活泼开朗的孩子，爱说爱笑，爱唱爱跳的，喜欢缠着大人陪她玩，没有害羞，更没有回避别人的表现。可是一到陌生的环境小欣就像变了一个人一样，行为拘谨，嘴巴闭得严严的，别人问她什么她都摇摇头。她已经上幼儿园三个月了，却表现得一直很被动，也不愿意和小朋友主动说话。幼儿园的老师注意到小欣对环境的不适应，有时候故意问小欣一些简单的问题，本想锻炼锻炼她，可是小欣每次站起来都是闭口不答。

不仅在幼儿园，在所有新的环境中，如果父母不在身边，她都会很焦虑和敏感，与其他人交流的时候也非常被动，大多数情况下都不说话，像一只受惊的小鹿一样。

对于小欣的表现，家人也很着急，带小欣做智力测试，也是完全正常的。后来心理科医生将小欣诊断为选择性缄默症。

选择性缄默症是一种精神障碍。是指已经获得了正常的语言功能儿童，因精神刺激的影响而表现在某些社交场合保持沉默不语的现象，其实质是社交功能障碍而非语言障碍。此症多在3~5岁时起病，女孩多见，缄默时可用手势、点头、摇头来表示自己的意见，或仅用"是""不""要"等单词来表达内心的想法，偶尔还会用写字这种沟通方式。拒绝讲话的场合一般是学校或在陌生人面前。少数正好相反，他们在学校说话而在家中不说话。有的孩子拒绝与成人说话，有的只与儿童或熟悉的人讲话。

行为学家认为，儿童选择性缄默症是他们处理与环境之间关系的一种行为表现，沉默对孩子来说是一种最有利的自我保护工具，特别是那些还没有学会适应环境变化的孩子，当他认为自己所处的环境会给自己带来紧张感的时候，缄默几乎成为了他们最直接的本能反应。

如果您的孩子有如下5种症状，可能患上了选择性缄默症：

1. 在需要言语交流的场合"不能"说话，而在另外一些环境说话正常；

2. 持续时间超过一个月；

3. 无言语障碍，没有因为说外语（或不同方言）引起的言语问题；

4. 是由于入学或改变学校、搬迁或社会交往等影响到孩子的生活。

5. 没有患诸如自闭症、精神分裂症、智力发育迟缓或其他发育障碍和心理疾病。

孩子是因为什么而"缄默"呢？极其少数的孩子可能与遗传因素有关。癔病、情感性精神障碍、精神分裂症患者也可能出现缄默症状。对于大多数的孩子而言，这与家庭中父母的过分溺爱、过分保护是有很大关系的。

例如：小欣从小就在家人的"严密监管"下长大，由于小欣的妈妈不知道从哪里听说自己所在的小区曾经丢了一个孩子，从此就对小欣高度警惕，从不离开小欣半步，如果有成年人上前逗小欣，家人都会非常警觉，背后会警告小欣不要让陌生人靠近自己，一些坏人会把小孩子骗走，那样就再也看不到自己的爸爸妈妈了。就这样，长久以来，造成了小欣对陌生人、陌生环境的习惯性恐惧，还形成了小欣对家人的习惯性依赖。在这种过度的保护之下，小欣就与外界隔开了距离，也失去了独立锻炼的机会，很少有机会单独去适应一个原本安全的社会环境。在小欣心中，只有家才是最安全的。

每当小欣遇到了麻烦时，都会习惯性地找家长帮忙，家长也都会替小欣铲除一切障碍，因此，小欣只要躲在家长的后面就可以了，至于如何解决，自己不用操心，反正有爸妈来帮助自己。但是，当小欣自己不得不置身于陌生的环境时，父母的保护都没有了，自己就会感到很惶恐，再加上陌生的环境和陌生的人带给自己的恐惧和威胁感，就只能用缄默和退缩将自己包裹起来了。

　　小欣的案例很有代表性，值得家长反思：家长爱孩子是天性，但是有些爱能让孩子勇敢地独闯天下，有勇气面对生活中的各种挫折和挑战，但是有些爱却温柔地像个罩子一样将孩子束缚，让他们失去了发展自我的能力。爱，应该是孩子发展的推动力，而不应该成为他们发展的绊脚石。

专家妈妈贴心话

　　面对新环境和陌生人缄默的孩子，妈妈首先要做的就是帮助孩子建立一个渐进式发展的阶梯，不要焦急，让孩子慢慢学会适应环境的有效行为方式，鼓励孩子一步步去做，千万不要替代孩子去做那些本应该由孩子自己独立完成的事情。这一过程中，妈妈需要耐心，需要对孩子及时的认可与鼓励，孩子就会渐渐脱离你的怀抱而敢于走向更为宽阔的世界。